PESTALOZZI-ST

Herausgegeben von

Artur Buchenau, Eduard Spranger, Hans St

4

Anna Pestalozzi-Sc
und der Frauenkreis um

Von

Käte Silber

Berlin und Leipzig 1932

Verlag von Walter de Gruyt

vormals G. J. Göschen'sche Verlagshandlung — J. Guttent

Georg Reimer — Karl J. Trübner — Veit &

Inhaltsverzeichnis

Sigelverzeichnis

(z. B. II, 20)	J. H. Pestalozzi: Sämmtliche Werke, hg. von L. W. Seyffarth, 12 Bände. Liegnitz 1896 ff.
E. Bl.	H. Morf: Einige Blätter aus Pestalozzis Lebens- und Leidensgeschichte. Langensalza 1887.
Isr.	August Israel: Pestalozzi-Bibliographie. In: Monumenta Germaniae Paedagogica, hg. von Karl Kehrbach, Bd. 25, 29, 31. Berlin 1903 ff.
Kehr X	I. Keller: Brugger Erinnerungen an Heinrich Pestalozzi. In: Pädagogische Blätter für Lehrerbildung und Lehrerfortbildung, hg. von C. Kehr, Band X. Gotha 1881.
Kehr XIII	Isaak Iselin und Heinrich Pestalozzi. 38 ungedruckte Briefe Pestalozzis. Mitgeteilt von I. Keller. In: Pädagogische Blätter für Lehrerbildung und Lehrerbildungsanstalten, hg. von C. Kehr, Band XIII. Gotha 1884.
Kehr XVIII	Sechs Briefe Pestalozzis an Jakob Sarasin. Mitgeteilt von Seminardirektor Keller. In: Pädagogische Blätter für Lehrerbildung und Lehrerfortbildung, hg. von C. Kehr, Band XVIII. Gotha 1889.
Korr.-Bl.	Korrespondenzblatt des Archivs der Schweizerischen permanenten Schulausstellung in Zürich. Zürich 1878 f.
Kr. A.	J. H. Pestalozzi: Sämtliche Werke, hg. von Buchenau, Spranger und Stettbacher. Berlin und Leipzig 1927 ff. (Bisher Bd. I—V, VIII—X, XIII).
Morf	H. Morf: Zur Biographie Pestalozzis. 4 Bde. Winterthur 1868 ff.
P.-anum	Pestalozzianum. Mitteilungen der Schweizerischen permanenten Schulausstellung und des Pestalozzi-Stübchens in Zürich. Neue Folge. Zürich 1923 ff.
P.-B.	Pestalozzi-Blätter, hg. von der Kommission des Pestalozzi-Stübchens in Zürich. 1880 ff.
P. i. B.	Pestalozzi und seine Zeit im Bilde, hg. vom Pestalozzianum und der Zentralbibliothek. Zürich 1928.
P.-St.	Pestalozzi-Studien, hg. von L. W. Seyffarth. Liegnitz 1896 ff.
Wernle	Paul Wernle: Der schweizerische Protestantismus im 18. Jahrhundert. 3 Bände. Tübingen 1923 ff.
Z.-St.	Josephine Zehnder-Stadlin: Pestalozzi. Idee und Macht der menschlichen Entwicklung. Gotha 1875.

Ungedrucktes Material.

Zentralbibliothek Zürich:

Ms. Pestal. 2 und 3 b:	Briefe Pestalozzis.
„ „ 54 a:	Briefe Anna und Jakob Pestalozzis.
„ „ 300 I, 4:	Pestalozzis Gedicht „An die Einzige“.
„ „ 550:	Briefe Verschiedener.
Ms. Geßn. V, 522:	Briefe Anna Pestalozzis an Lotte Geßner (nach Abschriften aus dem Geßner-Nachlaß).

Pestalozzianum Zürich:

Ms. P. St. 56 V, 2 (Tgb): Tagebuch Anna Pestalozzis.

Privatbesitz Zürich (Dr. Corrodi-Sulzer) (Abschriften):

Haushaltungsbuch des Pflegers Schultheß.
An Claus. 7 Briefe des Pflegers Schultheß.

Vorwort

Die Hundertjahrfeier seines Todestages hat die allgemeine Aufmerksamkeit erneut auf Pestalozzi hingelenkt und eine Anzahl bedeutender Schriften hervorgerufen, die den großen Pädagogen von den verschiedensten Blickrichtungen her erscheinen lassen. Umso erstaunlicher ist es, daß die Frage nach der Stellung der Frau in der Pestalozzischen Pädagogik kaum Berücksichtigung gefunden hat, obwohl sie das Zentrum seiner Bildungsidee berührt. Selbst die notwendigen historischen Vorarbeiten hierfür sind noch nicht geleistet. Diese Lücke möchte die vorliegende Arbeit ausfüllen. Wie kommt es, ist ihre Fragestellung, daß Pestalozzi überhaupt die Frau in den Mittelpunkt seiner Pädagogik rückt? Wie ist das in ihm selbst psychologisch begründet? Wie ist die Frau beschaffen, die er meint; und vor allem: hat es eine Frau gegeben, die als lebendiges Urbild seiner Gertrud auf Erden gelebt hat, oder sind es mehrere, deren Züge er vereinigt, oder schaut er ein Ideal? Welche Frauen haben in seinem Leben eine Rolle gespielt, und welcher Anteil gebührt ihnen an seinem Werk?

Gewöhnlich wird in diesem Zusammenhang auf zweierlei hingewiesen: auf die tiefe Nachwirkung der eigenen mütterlichen Wohnstube und die Bedeutung der treuen Magd Lisabeth für die Ausgestaltung der Gertrud. Die Berechtigung beider Momente soll nachgeprüft werden. — Demgegenüber ist bisher die Gestalt der Frau, die in fünfundvierzigjähriger Ehegemeinschaft das Leben mit Pestalozzi teilte, fast ganz unbeachtet geblieben. Wer war sie, und welche Bedeutung gewann Anna Schultheß für Leben und Werk des Mannes? Ist vielleicht ihr Einfluß höher anzuschlagen als der von Mutter und Magd, höher vor allem, als er bisher gewertet worden ist? Der Beantwortung dieser Frage soll diese Untersuchung im besonderen gewidmet sein.

Die Vernachlässigung der Frau Pestalozzi in der Geschichte der Pädagogik ist nicht ganz unerklärlich. Vielleicht liegt sie, wie wir sehen werden, letztlich in ihrem Wesen selbst begründet. Aber auch der Zustand der Quellen ist für eine Zeichnung ihres Lebensbildes außerordentlich ungünstig. Sie fließen überaus spärlich, und das Unangenehmste ist ihre große Verschiedenheit an Masse und Wert für die einzelnen Perioden: zwei umfangreichen Briefbänden aus der Brautzeit stehen z. B. für die besonders entscheidungsreichen dreißig Neuhofjahre unverhältnismäßig wenig Zeugnisse gegenüber. Wenn trotzdem versucht werden soll, über diesen Mangel hinwegzukommen, so nur auf diese Weise, daß aus der Not selbst die Methode der Darstellung abgeleitet wird: Aufschlüsse für die Persönlichkeitserkenntnis, die auf Grund ausführlicher Quellen der Jugendzeit als der wichtigsten und interessantesten Periode menschlicher Entwicklung gewonnen werden, müssen, gleichsam als Prüfstein, an die Daten der späteren Jahre herangetragen, oder umgekehrt: alle späteren Ergebnisse müssen mit der einmal feststehenden Persönlichkeitsdiagnose verglichen werden und dürfen zumindest keinen Widerspruch enthalten, vorausgesetzt, daß einer Entwicklung Raum gegeben ist.

Die Untersuchung beschränkt sich nicht auf die Charakterisierung der Frau Pestalozzi, sondern will die junge Frau aus Ort und Zeit heraus- und die ältere in das Werk ihres Mannes hineinwachsen lassen. Immer soll sie in Beziehung zu Pestalozzi selbst gestellt werden. Und so ist es im Grunde die Geschichte der Pestalozzischen Ehe, der Ehe des Mannes, der auf Frau und Familie einen unvergänglichen Hymnus gedichtet hat, die hier versucht wird. Denn die Frage liegt ja nahe, wieweit — sei es als Vor- oder Nachbild — das Ideal der Wohnstube in seinem eigenen Hause verwirklicht worden ist. — Und über die Gemeinschaft der Ehegatten hinaus soll, soweit er sich fassen läßt, der Frauenkreis von Freundschaft und Verwandtschaft umschrieben werden, der zu dem Leben der beiden gehört. Auch hier wieder ist Pestalozzi selbst der eigentliche Beziehungspunkt: auf die Bedeutung dieser Frauen für s e i n Leben und s e i n Werk kommt es letztlich an[1]). Dabei muß selbstverständlich die Kenntnis seines Lebens und Werks vorausgesetzt werden; kurze Hinweise erscheinen nur gelegentlich, soweit sie zur Verdeutlichung erforderlich sind.

Da die Darstellung Pestalozzis persönlichstes Leben betrifft, erscheint der Zweifel nicht unberechtigt, ob man über-

---

[1]) Also nur die Frauen werden in Betracht gezogen, die in seiner Entwicklung eine Rolle gespielt haben, nicht diejenigen, die die Methode verbreitet haben.

haupt ein Recht habe, in diese seine innerste Sphäre einzudringen. Unter der Voraussetzung größten historischen Taktes darf diese Frage wohl bejaht werden. Männer der Geschichte unterliegen nun einmal der Beurteilung der Nachwelt, und gerade der Pädagoge ist in erster Linie Mensch, und sein persönliches Sein ist bedeutungsvoller als alle seine nachgelassenen Schriften.

Als Form der Darstellung ist bewußt die historische Erzählung gewählt worden, um dem menschlich ergreifenden Inhalt dieses Schicksals gerecht zu werden. Erörterungen kritischer Art erscheinen daher — aus stilistischen Gründen — hauptsächlich in den Anmerkungen, oder sie liegen der Erzählung zugrunde, die auf ihren Ergebnissen aufgebaut ist.

Ältere Literatur, speziell Anna Schultheß und ihr Verhältnis zu Pestalozzi betreffend, ist nur spärlich vorhanden und recht unergiebig[1]). Eine lebendige Beziehung zur Pestalozzischen Welt ergibt sich erst aus eingehendem Quellenstudium, besonders aus der Beschäftigung mit den Manuskripten selbst. Ich danke die Benutzung des Handschriftenmaterials der Zentralbibliothek und dem Pestalozzianum in Zürich und dem Staatsarchiv in Bern. Für vielfache freundliche Unterstützung bin ich den Herren Mitarbeitern an der Kritischen Pestalozzi-Ausgabe zu Dank verpflichtet. Vor allem aber danke ich meinem hochverehrten Lehrer, Herrn Professor Eduard Spranger, die Hinführung zu Pestalozzi und reiche sachliche und persönliche Förderung.

Berlin-Charlottenburg, im März 1931.

Käte Silber.

[1]) Rosette Niederer-Kasthofer: Lebensbild der Frau Pestalozzi. In: Heinrich Pestalozzi. Vorträge und Reden zur Frauenfeier seines hundertjährigen Geburtstages, hg. von Diesterweg. Berlin 1846. — J. C. Mörikofer: Heinrich Pestalozzi und Anna Schultheß. In: Zürcher Taschenbuch auf das Jahr 1859. S. 75 ff. — L. W. Seyffarth: Pestalozzi und Anna Schultheß. Liegnitz 1895. — Ders.: Frau Pestalozzi, Anna geb. Schultheß. Liegnitz 1896. — Emilie Schäppi: Anna Pestalozzi-Schultheß, die Lebensgefährtin Heinrich Pestalozzis. 1768—1815. In: Heinrich Pestalozzi im Lichte der Volksbildungsbestrebungen der Pestalozzi-Gesellschaft. Zürich 1927.

Einleitung

Zürich um 1750[1]) war ein Kulturzentrum ersten Ranges, ja man darf sagen, auf literarischem Gebiet für zwei Jahrzehnte die Hauptstadt des gesamten deutschsprachigen Gebiets. Als Geist dieser Stadt lassen sich allgemein schweizerische Eigenschaften: Stolz auf die jahrhundertealte republikanische Verfassung und auf eine ruhmreiche Vergangenheit, Teilnahme und Mitverantwortung am öffentlichen Leben und Wohl des Staates und bürgerliche Gefühle der Freiheit und Selbstsicherheit ebensowohl wie speziell zürcherische Züge, nämlich Vielseitigkeit der Interessen, geistige Regsamkeit, praktischer und nüchterner Geschäftssinn bei strenger Einfachheit erkennen. Trotz lebhafter Beweglichkeit begann jedoch in der zweiten Hälfte des 18. Jahrhunderts das Zürcher Bürgertum in eine vornehme Erstarrung zu verfallen, die seiner Wesensart wenig entsprach und darum einen revolutionären Gegenschlag herausforderte. Der Kampf zweier Zeitalter kündigte sich an. Die ursprünglich demokratisch organisierte Zunftverfassung entwickelte sich zu einem schwerfälligen Verwaltungsapparat mit einer wahren Hierarchie der Ämter, so daß sich als Gegengewicht freie Vereinigungen, literarische und politische Gesellschaften bildeten, in denen ein regeres Leben sich entfaltete und mit Kritik nicht sparte.

Auch auf religiösem Gebiet spürte man unterirdisch brodelnde Erneuerungsversuche, jedoch war und blieb vorerst noch der altreformierte Geist Untergrund aller offiziellen Frömmigkeit und schweizerischer Wesensart überhaupt. Er äußerte sich in einer Bibelförmigkeit der Lebenshaltung, einem Kampf gegen weltliche Lust — nicht durch schwachherzige Flucht vor der Welt, sondern in „innerweltlicher Askese" und rastloser Tätigkeit *in* der Welt zum Beweise der Gnadenwahl —, in Verstandesklarheit und Willensstärke, strenger Zucht und Pflichterfüllung. Es bestand eine Kirch-

---

[1]) Martha Erler: Zürich in der Jugendzeit Pestalozzis. Diss. Leipzig 1918.

lichkeit auf Staatsbefehl, die doch schließlich drohte, das eigentlich religiöse Grundmotiv in leerer Überorganisation zu ersticken. Dadurch wurde zwangsläufig der Gegenschlag herbeigeführt. Zwei voneinander stark verschiedene Geistesrichtungen fanden sich zu gemeinsamem Kampf gegen die Orthodoxie zusammen: Pietismus und Aufklärung.

Der Pietismus stellt der veräußerlichten offiziellen Kirchlichkeit ein vertieftes, religiöses Christentum gegenüber, der wissenschaftlichen Theologie eine eigene Bibelforschung, der harten Berufsarbeit stille Beschaulichkeit und Reflexionen. Die Askese wird zur Weltflucht gesteigert, als einzig wertvolle Leistung gilt praktische Liebestätigkeit. Die kleinen Gemeinschaften dieses Laienchristentums wurden jedoch von der Zürcher Orthodoxie streng verfolgt, ihr Kirchenreformversuch zu Anfang des Jahrhunderts unterdrückt und die Frommen auf die Bahn des Separatismus gedrängt[1]). Ihre Konventikel wurden beobachtet, Sektierer ausgewiesen. Selbst das Haus eines angesehenen Handelsherrn, des Fabrikanten Hans Heinrich Schultheß zum „Gewundenen Schwert", das den Mittelpunkt der Zürcher Pietistengemeinde bildete[2]), blieb von Verfolgungen nicht verschont. Trotz aller Unterdrückung haben aber die „Stillen im Lande" die Geistesgeschichte Zürichs im 18. Jahrhundert entscheidend beeinflußt. Sturm und Drang und Empfindsamkeit, Lavater und Pestalozzi wären ohne ihre verborgene Wirksamkeit nicht zu verstehen.

Der zweite Gegner der Orthodoxie war die Aufklärungsbewegung[3]). Ihr eigentliches Betätigungsfeld fand sie auf literarischem Gebiet[4]). Hier stand Zürich auf der Höhe der Zeit. Seine moralischen Wochenschriften wurden vorbildlich für ganz Deutschland. Seine Kunstkritik erfocht den Sieg der Volks- über die Kunstdichtung, des Urwüchsigen über das Gekünstelte. Der geistige Horizont weitete sich über das Land hinaus; ein lebhafter Verkehr der Dichter entfaltete sich mit dem Norden des aufgeklärten und die Aufklärung überwindenden Deutschlands. Auf allen Gebieten war eine starke Gärung spürbar; und während der Anschein friedlicher Beständigkeit noch fast für Jahrzehnte äußerlich ge-

---

[1]) Julius Studer: Der Pietismus in der zürcherischen Kirche am Anfang des vorigen Jahrhunderts. In: Jahrbuch der historischen Gesellschaft Zürcher Theologen, 1. Bd., 1877.

[2]) Wernle I, 247.

[3]) Martin Hürlimann: Die Aufklärung in Zürich. Leipzig 1924.

[4]) Jacob Baechtold: Geschichte der deutschen Literatur in der Schweiz. Frauenfeld 1892.

wahrt wurde, brachen allerorts neue lebendige Triebkräfte hervor.

Auch das gesellige und Familienleben stand unter dem Zeichen der Spannung zwischen offiziell Gültigem und tatsächlich Gelebtem. Eine Reihe von Aufwandsgesetzen bemühte sich vergebens, den Verbrauch bei Festen, die Höhe der Geschenke, sogar die Speisenfolge festzusetzen oder Tanzen, Kutschen- und Schlittenfahren, Rauchen, Kaffeetrinken und Kartenspielen bei hohen Bußen zu verbieten[1]). Besonders die Kleidergesetze für Frauen, die die französische Mode: Seide, Pelze und Schmuck, Reifröcke und Schnürleiber, Pudern und Entblößung verboten und dagegen dunkle Kleidung, steife Halskrausen und glatten Kopfputz befahlen, versuchte man nach Möglichkeit zu umgehen. Ein gutbürgerlicher Luxus wurde von den Wohlhabenden als gutes Recht beansprucht, zumal sich ihr Aufwand aus Gründen der Sparsamkeit stets in Grenzen hielt.

Frauenleben und Mädchenbildung waren diejenigen Gebiete bürgerlichen Lebens, die sich am längsten in traditioneller Gebundenheit erhielten. Ein Verkehr zwischen jungen Leuten verschiedenen Geschlechts kam selten zustande; Klopstocks Fahrt auf dem Zürcher See war eine gesellige Revolution, die ohne Nachahmung blieb. Es bestanden eine Anzahl „Sonntagsgesellschaften" unter Ausschluß des anderen Geschlechts, „Kameradschaften" bei den Knaben, „Gespielen" bei den Mädchen genannt, die sich nach der Predigt in der Nähe der Kirchen sammelten und Spaziergänge[2]) oder gemeinsame Besuche unternahmen. Zuweilen trafen sich die Knaben- und Mädchengruppen „zufällig" im Walde und vereinigten sich — außerhalb des Stadtbezirks — zu fröhlichen Gesängen und harmlosen Spielen[3]). Abendgesellschaften mit Tanz gab es so gut wie gar nicht, dagegen waren Gratulationsvisiten zu Neujahr und Namenstagen bei Verwandten und Paten wichtige und zeremonielle Angelegenheiten[4]). Mittelpunkt der öffentlichen Geselligkeit im Winter bildeten die guten Konzerte im Musiksaal, zu dem aber nur die ersten Familien der Stadt Zutritt erlangten.

Die übliche Annahme, die Tätigkeit der Frauen sei daher wesentlich auf ihr Haus beschränkt geblieben, läßt sich nur

---

[1]) Johann Jacob Wirz: Historische Darstellung der Urkundlichen Verordnungen, welche die Geschichte des Kirchen- und Schulwesens in Zürich ... betreffen. 2 Teile. Zürich 1793 f.

[2]) Vgl. die anmutige und historisch wahrheitsgetreue Schilderung Zürcher Lebens im 18. Jahrhundert bei Gottfried Keller: Der Landvogt von Greifensee.

[3]) II, 68; 199. — [4]) Z.-St. 147 f.

dann aufrecht erhalten, wenn man diesen Rahmen so weit wie möglich spannt. Nicht nur, daß in erheblich größerem Umfange als später selbst produziert wurde; ein großer Kreis von Hausgenossen, Kinder in beträchtlicher Zahl, oft auch deren junge Ehegatten, Geschäftsangestellte, die mit am Tisch aßen, häufige auswärtige Gäste wollten versorgt werden. Vor allem aber war es nichts Außergewöhnliches, daß die Frau in der „Handelsschaft" mithalf; Frau Geßner besorgte in umsichtiger Rührigkeit das berühmte Verlagsgeschäft selbständig, während der Mann in der Stube saß und Idyllen dichtete. Zugleich bildete ihr Haus den geselligen Mittelpunkt zürcherischer Künstler und Gelehrter[1]).

Um die Möglichkeit zu geistiger Bildung der Zürcher Frauen war es allerdings traurig bestellt; sie blieb ausschließlich persönlicher Initiative und der Gunst der Umstände überlassen. Die Schulerziehung war kaum der Rede wert. Zusammen mit den Knaben besuchten die Mädchen vom 5. bis 7. oder 8. Lebensjahre die sogenannte Hausschule, wo sie von den Lehrgotten Lesen und Schreiben, das heißt in Wahrheit notdürftig Buchstabieren und Nachmalen, Rechnen schon nicht mehr, dagegen den Katechismus sinn- und verständnislos auswendig lernten. Wenn die Knaben in Deutschschule, Lateinschule und Hochschule die höhere Laufbahn einschlugen, hatten die Mädchen mit acht Jahren ausstudiert, sofern ihnen die Eltern nicht Privatunterricht erteilen ließen oder sie sich nicht selbst Kenntnisse und Fertigkeiten durch praktische Betätigung aneigneten. Erst in den siebziger Jahren[2]) gründete Leonhard Usteri die erste höhere Töchterschule in Zürich, die hoch gerühmt wurde[3]), obwohl auch hier nur das Notdürftigste: Lesen, um das weibliche Gemüt zu erbauen, Schreiben von nützlichen Rezepten, Rechnen zur künftigen Führung des Haushalts geboten wurde. Es ist bekannt, daß Bodmer zur Förderung der weiblichen Bildung, für die er sich in den moralischen Wochenschriften seit langem eingesetzt hatte, der Töchterschule sein Haus am Zürichberg mit Bibliothek und einem kleinen Kapital hinterließ. —

---

[1]) Vgl. die kulturhistorisch sehr interessanten Jugenderinnerungen der Johanna Schopenhauer: „Jugendleben und Wanderbilder", hg. von W. Cosack, Danzig 1884, die aus dem Leben der freien Reichsstadt Danzig erstaunlich treffende Parallelen bieten.

[2]) Die erste höhere Töchterschule in Deutschland errichtete August Hermann Francke (1698).

[3]) Sophie Laroche: Tagebuch einer Reise durch die Schweiz. Altenburg 1787. S. 84 ff.

Wir befinden uns an der Wende eines Zeitalters und sehen die Linien verschiedener Geistesrichtungen in Zürich um die Mitte des 18. Jahrhunderts sich kreuzen. Darum gehören die damals lebenden Menschen oft sehr verschiedenen weltanschaulichen Gruppen an. Zuweilen aber spielt sich der Kampf der Meinungen innerhalb einer und derselben Persönlichkeit ab. Wir beobachten dann einen reichen, aber widerspruchsvollen Charakter, wie er in Übergangszeiten häufig auftritt. Als eine solche Verkörperung ihrer Zeit läßt sich auch Anna Schultheß ansprechen.

I. Jungfer Schultheß in Zürich

1.

Die Familie Schultheß[1]) gehörte zu den ältesten, bestangesehenen und weitestverzweigten Geschlechtern Zürichs. In ihrer jüngeren Linie wurde seit Generationen das Handwerk der Pfisterei und Zuckerbäckerei betrieben, und zugleich bekleideten die Herren Schultheß ein ehrenvolles Amt in der Zunft. Zu Beginn des 18. Jahrhunderts wurde ihrem Besitztum „Zur Hännen“ auf dem Rüdenplatz das danebenliegende Haus „Zum Pflug“ angegliedert, wo Johann Jakob Schultheß eine neue Zuckerbäckerei eröffnete.

Dessen Sohn Hans Jakob[2]) war Annas Vater. Als neunzehnjähriger junger Mann sammelte er auf einer größeren Reise durch Deutschland, Holland und Frankreich ausgedehnte merkantilische Kenntnisse und beobachtete auch andere Dinge des öffentlichen Lebens: Militär, Sammlungen, Theater, mit offenen Augen[3]). Besonders stark interessierte er sich für kirchliche Institutionen aller Art, besuchte gottesdienstliche Versammlungen der verschiedenen Konfessionen und Sekten und stellte seine Betrachtungen darüber an. Das väterliche Geschäft[4]) erweiterte er nach der Übernahme durch Hinzufügung von Spezerei- und Drogenwaren; seine Handelsbeziehungen erstreckten sich bis nach Lyon und Frankfurt, dessen Messen er noch als älterer Mann regelmäßig persönlich besuchte[5]). Als Pfleger zur Saffran, der Zunft der Kaufleute, erfüllte er seine stadtbürgerlichen Pflichten.

---

[1]) Johannes Schultheß: Denkschrift zur hundertjährigen Jubelfeier der Stiftung des Schultheßischen Familienfonds. Zürich 1859.

[2]) 1711—1789.

[3]) Er hat ein „sehr anziehend geschriebenes“ Tagebuch darüber geführt (Schultheß-Denkschrift, S. 22), das auch Morf (I, 99) vorgelegen haben muß. Jetzt ist es nicht mehr auffindbar.

[4]) Vom Jahre seiner Verehelichung mit Anna Holzhalb (1711—1780) an (1732) bis zur Zurückziehung in den Ruhestand (1787) existiert ein bis in alle Kleinigkeiten genau geführtes Haushaltungsbuch, das neben geschäftlichen Notizen gelegentliche persönliche Bemerkungen aufweist.

[5]) II, 91; 258; 269. — Wilhelm Nicolay und Arthur Richel: Aus der Pestalozzistadt Frankfurt a. M. 1929. S. 15 f.

Was ihn vor anderen Zürcher Kaufleuten seines Standes auszeichnete, war die besondere Art seiner Frömmigkeit. Das Haupt der Zürcher Pietistengemeinde, den Direktor Schultheß zum „Gewundenen Schwert"[1]), muß er als Patriarchen der Familie noch lange gekannt haben; es ist durchaus wahrscheinlich, daß er in dessen Hause die ersten religiösen Anregungen empfing. Den entscheidenden Grund zu seiner Frömmigkeit legte nach seinem eigenen Zeugnis[2]) während seiner großen Reise (1731) Marie Huber in Lyon, die berühmte „Genfer Métaphysicienne"[3]). In ihren „Lettres sur la religion essentielle à l'homme", die das Christentum auf die gesunde menschliche Vernunft zurückführen und die Bedeutung der Religion für den Menschen, nicht des Menschen für Gott betonen, vertritt sie einen aufgeklärten Deismus; den eigentlichen Kern ihrer wahrhaft echten Frömmigkeit bildet aber eine unkirchliche, undogmatische, fast pietistische Subjektivität, die im eigenen Innern Gottes Stimme am deutlichsten vernimmt. Diese gänzliche Ergebung in Gottes Willen und gottselige Zurückgezogenheit waren es mehr als ihre vernünftigen Überlegungen über den Zustand der Seelen nach dem Tode, die bei Hans Jakob Schultheß zu einer Art von Erweckung führten und für die Entwicklung und Vertiefung seiner Religiosität maßgebend wurden. Bis zu ihrem Tode blieb er in Briefwechsel über religiöse Angelegenheiten mit ihr und sein Leben lang mit ihrer Familie in enger freundschaftlicher Beziehung[4]).

Die religiöse Lebenshaltung des Pflegers Schultheß war den Forderungen der orthodoxen Kirche durchaus entgegengesetzt. Ihre Kennzeichen waren innere Herzensfrömmigkeit, Ruhe des Gemüts und kindliche Hingabe in Gottes Hand unter Aufgabe des eigenen Willens und — trotz der seligen Gewißheit himmlischer Gnade — das Gefühl eigener Sündhaftigkeit. Alles wurde durchzogen von einer tiefen Liebe zu dem leidenden Jesus, der aus tausend Wunden blutete, dem Opferlamm: es sind die typischen Ausdrucksformen der Herrnhutischen Brüdergemeinde, deren er sich bedient. Und in der Tat stand Hans Jakob Schultheß in späteren Jahren in naher freundschaftlicher Beziehung zu dem Frankfurter

---

[1]) † 1739. Er war der Bruder seines Großvaters.

[2]) An Claus (s. u.) 6. Brief. — [3]) Wernle I, 139 ff.; 150; 263; II, 40 ff.

[4]) Seinen jüngsten Sohn Leonhard gab er dem Bankier Huber in die Lehre (II, 159) und verfolgte ernstlich die Absicht, seine Tochter Anna mit einem Sohn des Freundes zu verheiraten (II, 91 f.; 158 f.; 171).

Pietistenkreis, in den er bei seinen dortigen Aufenthalten durch Geschäftsfreunde eingeführt worden war[1]).

Der Frankfurter Pietistenkreis ist durch Goethes Schilderung[2]) hinlänglich bekannt. Seine Brüder und Schwestern standen in enger Lebensverbundenheit zueinander und fanden sich allsonntäglich zu gemeinsamen erbaulichen Feierstunden zusammen. Mit den meisten Gemeindemitgliedern: Frau Prediger Griesbach[3]), Legationsrat Moritz und mit dem zweiten Leiter der Versammlungen Pfarrer Johann Andreas Claus[4]) war Schultheß befreundet; die Frau Rat Goethe scheint er nicht gekannt zu haben. Dagegen brachte er dem Fräulein von Klettenberg besondere Verehrung entgegen, und auch nach ihrem Tode schwebte sie ihm als leuchtendes Vorbild heiterer Gottergebenheit vor Augen[5]).

Von den Zürcher Bekannten innerlich am nächsten stand ihm in den späteren Jahren Johann Caspar Lavater, und wahrscheinlich war er es, der den ersten Anstoß zu der Frankfurter Lavaterverehrung gegeben hat[6]). Lavaters tiefe Jesusliebe zog ihn an; er las fleißig seine Schriften, und noch auf dem Totenbette galt ihm sein letzter, unvollendeter Brief[7]). — Die späten Jahre seines Lebens, die er auf dem Neuhof verbrachte, widmete der Pfleger Schultheß ausschließlich seiner religiösen Schwärmerei. Mit allen „Nahrungs- und Handlungssorgen" hatte er auch den Kaufmannsstolz endgültig abgeworfen: er besuchte regelmäßig die Herrnhuter Versammlungen des Dörfchens Lupfig[8]) und las bis zu seinem Tode den armen Bauersleuten die Gemeinnachrichten vor[9]).

---

[1]) Nicolay, a. a. O. S. 16 f. — III, 106. — [2]) Dichtung und Wahrheit II, 8.

[3]) Die schöne Seele. Bekenntnisse, Schriften und Briefe der Susanna Katharina v. Klettenberg. Hg. von Heinrich Funck. Leipzig 1912. S. 25; 294 f.

[4]) 7 Briefe (1767—1785) von Hans Jakob Schultheß dem Älteren an Pfarrer Johann Andreas Claus. Zürich, Privatbesitz.

[5]) Haushaltungsbuch des Pflegers Schultheß. — Nicolay, a. a. O. S. 17. — „In den ersten Stunden 1775" schreibt er seinem „Bruder", dem Pfarrer Claus: „Sie überlassen, wie vor allen, alles der guten Providenz, ohne sich an Menschen zu binden, so wünsche ich mir immer, ohne zu urteilen, in der Stille mit dem allerliebsten Jesu allein zu bleiben... Das seel. Fräulein [v. Klettenberg] war viele Jahre jünger als ich, sie wartete auf ihre Brautstunde! O wie bewegt mich dieser ihr angenehmster Ausdruck! Sie bestätigte was wahr: daß die gottgeheiligte Seele nicht erschrickt, diesen nahen wichtigen Schritt zu tun. Ihre edle Freudigkeit verließe sie nicht. Sie war eine reine Braut des Lammes... Ich danke dem Herrn, der mir dies edle Beispiel hat lassen bekannt werden und Ihnen, teurer Freund, und ihrer estimablen Frau Tante [Frau Janke], die mir diese edle Freundschaft besorgt haben. Jetz tun Sie mir auch den Gefallen und senden mir auch ihre Leich-Carmina durch die Fuhr, die ich mit Anmut gern lesen möchte...", und auch in ihre Schriften will er sich nun noch einmal in Ruhe vertiefen.

[6]) Schon 1767 in einem Brief an Claus. — [7]) P.-B. XIX, 22 ff.

[8]) Der Aargau war eine besondere Heimstätte des Herrnhutertums in der Schweiz (Wernle III, 130). — [9]) Wernle III, 135.

Die Eigenart des Herrnhutertums ist Stärke und Schwäche zugleich: die Kraft der Innerlichkeit hebt den Gläubigen über die Schwierigkeiten dieses Lebens hinweg, aber er meistert sie nicht, sondern geht ihnen aus dem Wege, weil alles Weltliche ihm nicht wert scheint, gelebt zu werden. So war es auch bei Vater Schultheß. Eine gewisse Kindlichkeit und Naivität, tief verwurzelte, aber sich nicht hervorwagende Güte geben seiner Gestalt etwas Sympathisches; aber nie dringt er zu einer freien und entschlossenen Handlung durch. Nachgiebigkeit, Abhängigkeit und Beeinflußbarkeit gehen im Gefolge seiner Gutmütigkeit, so daß schon die Kinder fühlten, wie vollständig er unter dem Einfluß seiner Gattin stand[1]). Sie freilich war von anderem Schrot und Korn und führte daher ungehindert das Regiment im Hause.

Mutter Schultheß war eine kluge, energische, tatkräftige Frau, stets auf den Beinen, das Haus in Atem haltend. Die Leitung des Geschäfts lag vornehmlich in ihrer Hand; sie befand sich den ganzen Tag über im Laden[2]), während der Hausherr sich nicht zu überarbeiten pflegte, sondern von vier Uhr an den Abend auf der Zunftstube zubrachte[3]). Waren die Geschäfte dem Manne zu verworren, so mußte die Frau sie entscheiden; selbstverständlich besuchte sie die Messen in Zurzach, oft allein[4]). Sie verstand außerordentlich gut zu rechnen, und alle Dinge des Lebens betrachtete sie unter ökonomischem Gesichtswinkel. Wirtschaftliche Tüchtigkeit überwog bei ihr alle Vorzüge des Charakters; und Männer, die auf diesem Gebiet versagten, verfielen ihrer schneidenden Verachtung. Geistreichtum imponierte ihr[5]); da aber ihr Mann weder das eine noch das andere besaß, sah sie ihn ziemlich über die Achsel an. Auch seine religiöse Absonderlichkeit mag ihr wenig gefallen haben; sie war harten, verschlossenen Gemüts[6]) und von großer Heftigkeit. Und da es hauptsächlich ihr Verdienst war, das Geschäft in die Höhe gebracht zu haben, kam es zu schweren Katastrophen, die sogar dahin führten, daß die Ehegatten während zweier Jahre von Tisch und Bett geschieden gewesen sein sollen[7]). Das Verhältnis wurde nur dadurch erträglich, daß der Mann später in allem nachgab[8]). Mit den nächsten Verwandten lebte sie jahrelang in Spannung[9]); die Mägde im Hause wechselten unheimlich rasch[10]). Zu den traurigsten Zusammenstößen aber

[1]) II, 242 f.; 386; III, 70; 89. — [2]) II, 357.
[3]) Georg Finsler: Zürich in der zweiten Hälfte des 18. Jahrhunderts. Zürich 1884. S. 186.
[4]) III, 70; II, 278. — [5]) II, 174. — [6]) II, 292. — [7]) Haushaltungsbuch. — [8]) II, 386. — [9]) II, 354. — [10]) Haushaltungsbuch.

führte ihr herrschsüchtiges, keinen Widerspruch duldendes Wesen mit den eigenen Kindern, denn sie konnte sich nicht daran gewöhnen, daß diese mit der Zeit selbständige Menschen mit eigenem Willen geworden waren.

Im Hause dieser Eltern wuchs Anna Schultheß als älteste Schwester von fünf Brüdern heran. Das häusliche Leben war einfach und streng geordnet, die Mahlzeiten bescheiden, die Kleidung sogar der Kinder durch Mandate festgesetzt. Mit fünf Jahren[1]) wurde sie zu Caspar Wüst in die Hausschule der Neustadt geschickt[2]) und lernte die Anfangsgründe des Lesens und Schreibens. Als sie etwas größer war, besuchte sie nebenher die Nähschule der Mlle Collet in der Ankengasse, wo die kleinen Mädchen in weiblichen Handarbeiten und Französischsprechen unterwiesen wurden. Mit neun Jahren nahm man sie aus der Schule von Wüst wieder heraus wegen „harten Tractaments" und weil sie wahrscheinlich längst begriffen hatte, was dort zu holen war. Inzwischen waren die jüngeren Brüder soweit herangewachsen, daß man ihnen der Sitte gemäß einen Hofmeister bestellen konnte. Diese Präceptoren, Kandidaten der Theologie, pflegten den Tag über von Haus zu Haus zu wandern, um stundenweise in den einzelnen Familien zu unterrichten. Im „Pflug" trat Hans Conrad Müller täglich um sieben Uhr früh an; seine Persönlichkeit scheint jedoch bei den Schultheßschen Kindern keinen tieferen Eindruck hinterlassen zu haben. Nanette, wie sie genannt wurde, nahm an dem Unterricht der Brüder teil. Als diese aber alt genug waren, um in die höheren Schulen einzutreten, wurde der Hauslehrer aufgegeben, und sie besuchte nur noch Mlle Collet eine Zeitlang. Mit zehn bis elf Jahren, einem Alter, in dem bei den Knaben der eigentliche Unterricht erst begann, war somit die Schulbildung der Schwester beendet und sie darauf angewiesen, ihre Sinne allem offenzuhalten, was von außen her an sie herandrang.

Das geschah weidlich. Religiöse Unterweisungen empfing sie zunächst in der Kinderlehre; die ersten Hinweise wirklich innerlicher Frömmigkeit aber erhielt sie vom Vater[3]), dessen Einfluß in dieser Beziehung gar nicht hoch genug anzuschlagen

[1]) * 9. VIII. 1738 (Haushaltungsbuch). Anna selbst gibt 1739 als ihr Geburtsjahr an (Ms. Geßn. V, 522: Brief an Lotte Geßner vom 8. (sic!) VIII. 1811 als am Tage ihres zweiundsiebzigsten Geburtstages). Auf dem Ifertener Grabstein steht: née le 11. aoust 1740 (!). — Am 6. XII. 1739 ist jedoch ihr Bruder Hans Jakob geboren (II, 9).

[2]) Haushaltungsbuch.

[3]) Vgl. seinen Brief an die Tochter aus Frankfurt vom 15. VIII. 1761 voll frommer Ermahnungen (P.-B. XI, 25 f).

ist[1]). In allen häuslichen Arbeiten wurde sie von klein auf geübt und mußte überall fest zugreifen. Die weitere Ausbildung des Geistes verdankte sie der väterlichen Schreibstube, wo ihr neben der Kunst der Orthographie, einer schönen Handschrift, gewandter Ausdrucksweise im Deutschen und Französischen und kaufmännischem Rechnen[2]) auch Genauigkeit und Pünktlichkeit, Sorgfalt und Zuverlässigkeit zur Gewohnheit wurden. Sie las alles, dessen sie habhaft werden konnte[3]), und erhielt Musikunterricht und ein Klavier zu eigenem Besitz[4]). Sie sang gern[5]) und war Mitglied einer kleinen Musikgesellschaft, die reihum in den einzelnen Familien ihre Zusammenkünfte abhielt[6]) und gelegentlich fröhliche Ausflüge in die Umgebung unternahm[7]). Offenbar wurde viel für sie getan und an ihrer Ausbildung nicht gespart. Einige für damalige Begriffe große Reisen nach Lindau und nach Neuenburg[8]) erweiterten ihren Gesichtskreis, so daß sie ein im besten Sinne des Wortes guterzogenes junges Mädchen war, das sich mit Anstand und Freimut zu bewegen wußte. Die aristokratischen Formen der gebildeten Welt gingen ihr so in Fleisch und Blut über[9]), daß sie sie auch in den wechselvollsten Stürmen ihres schicksalsschweren Lebens nie mehr verlor. Mit zwanzig Jahren war sie demnach eine schöne und wohlhabende Jungfer, „schlank und hoch gewachsen, von blühender Gesichtsfarbe und ausdrucksvoller Miene, ... Anmut und Leichtigkeit im Umgang“[10]), voll Freude an netter

---

[1]) Näheres über die früheste religiöse Entwicklung Annas ist leider nicht bekannt. Vgl. jedoch III, 21 und dazu die sehr charakteristische Schilderung einer Pubertätskrise auf religiöser Grundlage bei Georg Geßner: Wahre Züge aus dem Bilde einer Stillen im Lande, Winterthur 1817. S. 15 ff., einer Lebensbeschreibung seiner Schwiegermutter Anna Lavater-Schinz, deren Wesen und geistige Verfassung der der Frau Pestalozzi sehr ähnlich sind.

[2]) II, 148; 175.

[3]) II, 300. — Was sie in diesen Jahren las, läßt sich nicht genau angeben; jedenfalls Klopstock und Geßner (II, 243), wahrscheinlich auch Millers Siegwart, Gellerts Schwedische Gräfin und Sophiens Reise von Memel nach Sachsen, die damals in jedem lesefreudigen Hause zu finden waren. Vielleicht waren ihr auch Richardsons empfindsame Romane in die Hände gefallen, und sie hatte sich dadurch anregen lassen, englisch zu lernen (II, 314). — Zur Lektüre der jungen Mädchen und Frauen im späteren 18. Jahrhundert vgl. Johanna Schopenhauer, a. a. O. S. 99.

[4]) Haushaltungsbuch. — [5]) II, 125; 214.

[6]) II, 367 f.; 386. — [7]) III, 73.

[8]) Haushaltungsbuch. — Für Reisen nach Augsburg und Konstanz, Basel und Chur, von denen Mörikofer: Heinrich Pestalozzi und Anna Schultheß. Zürcher Taschenbuch auf das Jahr 1859. S. 83, und Morf I, 100 sprechen, finden sich keine Quellenbelege, obwohl sie durchaus im Bereich der Möglichkeit liegen; noch viel weniger für die Bemerkung an gleicher Stelle, der Besuch Klopstocks sei ihr „immer in lebhafter Erinnerung“ geblieben.

[9]) II, 190 f. — [10]) Schultheß-Denkschrift, a. a. O. S. 22.

Kleidung[1]), klug und tüchtig, gebildet und begehrt. Eine Anzahl von Bewerbern stellte sich ein, es kam auch zu einem Briefwechsel[2]); eine mehr als freundschaftliche Beziehung mag ihr recht nahe gegangen sein[3]). Aber so gewandt sie nach außen hin scheint, so ernst und verschlossen ist sie im Grunde. Nachdem sie ihre Erfahrungen gemacht hat, wird sie stolz und anspruchsvoll. Sie denkt gar nicht daran, irgendeinen „hirnlosen Züricher"[4]) zu heiraten und fühlt irgendwie, daß ihre innere Entwicklung noch nicht abgeschlossen ist und das tiefste Erleben ihr noch bevorsteht.

Sie hätte auch keine Zeit gehabt, auf den Mann zu „warten". Denn seit sie erwachsen ist und eine tüchtige und zuverlässige Kraft abgibt, wird sie streng zur Mitarbeit herangezogen, sowohl im Geschäftsbetrieb wie im Hause, wo fünf Brüder sie ausgiebig beschäftigen[5]).

Das Verhältnis zu den Brüdern, außer zu Caspar, ist nicht sonderlich nahe, jedoch fühlen sie sich als Geschwister zusammengehörig und bilden eine geschlossene Gruppe den Eltern gegenüber. Der Älteste, Hans Jakob[6]), ist nach ihrem Urteil äußerlich rauh, nicht sehr geistreich, aber gutmütig, in seinen Urteilen oft schwankend[7]), ein Mensch „von ganz ungleichen Begriffen" wie die Schwester. Man muß sich seiner annehmen, um ihn auf die Bahn der „Tugend" zu leiten[8]). Mit dem zweiten Bruder, Salomon[9]), Dr. med., kann sie sich in sittlichen Angelegenheiten noch weniger einigen; er hat erst recht „eine [moralische] Kur nötig"[10]). Als ältere Schwester verfällt sie aus berechtigtem Verantwortungsgefühl heraus leicht in den Fehler, die Jünglinge „erziehen" zu wollen, zumal sie sie nicht nur an Jahren, sondern auch an Tiefe des Gemüts und des Geistes weit überragt[11]). Ein angeborenes Herrschbedürfnis läßt diese Fürsorge fast zu geistiger Bevormundung anwachsen, zumal sie sich auch aus religiösen Motiven verpflichtet fühlt, für das Heil ihrer Seelen zu sorgen[12]). Diese etwas überhebliche, gewissermaßen missionierende Art der Einwirkung hat sie den Brüdern gegenüber auch als verheiratete Frau nicht aufgegeben[13]).

---

[1]) II, 110. — [2]) II, 131. — [3]) II, 171; 231. — [4]) II, 26. — [5]) II, 244; 159; 61.

[6]) 1739—1806. Er übernahm später, nachdem er eine Tochter des Hauses geheiratet hatte, die Eisenhandlung „Zum Schwarzen Horn", die dem „Pflug" benachbart ist (Kr. A. I, 377). Die Brüder Heinrich (1746—1812) und Leonhard (1747—1805) führten die väterliche Zuckerbäckerei fort.

[7]) II, 259 f. — [8]) II, 366; 219. — [9]) 1741—1801. — [10]) II, 69; 106. — [11]) III, 90.
[12]) Z.-St. 270. — [13]) Kr. A. I, 36; 55.

Hans Jakob und der junge Heinrich waren im väterlichen Betrieb beschäftigt. Und auch Annas Haupttätigkeit spielte sich im Laden ab. Da mußte sie, wenn die Mutter verhindert war, Kunden bedienen, oft tagelang ganz allein, und durfte sich nicht herausrühren. Wie eine Gefangene „schmachtet" sie aus dem „elenden Gefängnis"[1]) der Sonne entgegen, aber niemals wagte sie etwa, sich den Befehlen der Eltern zu widersetzen. In der Weihnachtszeit hilft sie beim fröhlicheren Bereiten von „Leckerlis" und „Gutelnen"[2]); am häufigsten aber hat sie „Klausur" in der Schreibstube. Dort führt sie die Korrespondenz, deutsch und französisch, hält die Bücher instand und fertigt Jahresrechnungen und -abschlüsse aus[3]). Namentlich an Posttagen oder während der Zurzacher Messe[4]), wenn die volle Verantwortung allein auf ihren Schultern lastet, wird sie so außerordentlich stark in Anspruch genommen, kommt so spät zu Bett und muß so früh wieder heraus, daß sie für ihre Privatangelegenheiten nur tief in der Nacht mühsam einige Stunden zusammenzustehlen vermag[5]). Sie stöhnt über diese Angebundenheit und hat längst vergessen, wie viel sie an Erweiterung ihrer Kenntnisse der Schreibstube zu danken hat. Der ganze Geschäftsbetrieb ist ihrer aufs Ideale gerichteten Natur im Innersten zuwider, und sie steigert sich bewußt in eine Opposition gegen das ganze Handelsleben hinein, wie es ihr in der Gestalt der Mutter entgegentritt.

Wenn sie wenigstens ein freundliches Wort der Anerkennung für ihre rastlose Tätigkeit empfangen hätte, wäre ihr alle Mühe leicht gewesen[6]); aber „meine Geschäfte werden nur durch: „Es ist Schuldigkeit, wer gibt dir Essen und Kleider!" gerühmt[7])." „Was für Selbstverleugnung, den lieben ganzen schönen hellen Sommertag im Kerker und auf den Abend, wenn Mutter nur reden mag, Vorwürfe! ... o mein Gott; echte Harmonie kennt unser Haus nicht mehr[8])!"

Das war der heimliche Kummer, der Anna schwer auf der Seele lag und ihre natürliche Fröhlichkeit beeinträchtigte. Denn so wohlgeordnet die Schultheßischen Familienangelegenheiten nach außen hin erschienen, so zerrüttet waren sie im Innern. „Auf die Bewegungen der Gemüter achtzuhaben, ist beim Pflug nicht Brauch"[9]), muß sie klagen. Es waltet kein Mit-, sondern ein Gegeneinander im Hause; die Mutter

---

[1]) II, 357; III, 77; II, 105.
[2]) II, 386; Kr. A. I, 35. — [3]) III, 58; 65 f. — [4]) II, 324; 384; 280.
[5]) III, 77; II, 109; 143; 169; 174; 233. — [6]) II, 294.
[7]) II, 183. — [8]) III, 70. — [9]) II, 292.

herrscht so unumschränkt, daß kein anderer neben ihr aufkommen kann. „Wenn ich nicht will, so muß es nicht sein“[1]), ist ihr letztes Wort, und damit bricht sie allen Einwendungen die Spitze ab. Wagen die erwachsenen Kinder einmal, eine eigene Meinung zu vertreten, so werden sie aus dem Zimmer gewiesen; oder man vergißt sich auf beiden Seiten, ein Wort gibt das andere, die Geschwister antworten auf Vorwürfe, und zuletzt gibt es Schläge! Denn im Zorn verliert die Mutter die Besinnung, sagt Dinge, die sie nicht verantworten kann, und weist wiederholt die Tochter aus dem Hause[2]).

Die Gründe dieser traurigen Mißverhältnisse liegen sehr tief. Solange die erwachsenen Kinder wirtschaftlich von ihr abhängig waren, glaubte die Mutter, ihnen nach Willkür befehlen zu dürfen. Zudem bestand eine unüberwindliche „Verschiedenheit der Begriffe“[3]) zwischen der rechnerischen Mutter und der ideal gesinnten Tochter bei merkwürdiger Gleichheit der Temperamente; und diese Verwandtschaft des Blutes machte gerade den Kampf so besonders heftig. Zuweilen fühlte die Mutter ihre innere Unterlegenheit der entschlossenen Standhaftigkeit und Herzensgröße der Tochter gegenüber; dann wurde sie nur noch härter, um sich die Macht nicht völlig aus der Hand gleiten zu lassen.

Anna litt schwer unter diesen Verhältnissen, aber es kommt keine Klage über ihre Lippen, denn sie ist viel zu stolz, nach außen hin etwas davon merken zu lassen. Im Gegenteil fühlt sie ihre Kräfte durch Überwindung wachsen und ringt sich durch Leiden zur „Tugend“ hindurch[4]). Sie ist immer von schuldiger Ehrerbietung und rührender Verständigungsbereitschaft erfüllt und hätte es niemals zum offenen Bruch kommen lassen. Hat sie sich einmal von ihrer Heftigkeit hinreißen lassen, so empfindet sie ernste Reue und ein Gefühl tiefer Scham und Schuld über die Unwürdigkeit dieses Zustands[5]). Wie glücklich ist sie, wenn die Mutter nur ein wenig freundlich mit ihr spricht, wie dankbar für jedes kleinste Zeichen der Anerkennung[6])! Ihr Herz sehnte sich so sehr nach einer friedevollen Heimat[7]), und es wurde ihr tiefstes Verhängnis, daß sie warme Liebe und echte Mütterlichkeit nie erfahren hatte. Wenn sie bei Freunden ein glückliches, harmo-

---

[1]) II, 231.
[2]) II, 383; 367; 231; III, 112.
[3]) II, 386. — [4]) II, 253; 383.
[5]) II, 51; 342; III, 20 f.
[6]) II, 335; III, 101; 29. — [7]) II, 379.

nisches Familienleben beobachtete, gab ihr der Vergleich mit ihrem eigenen lieblosen Heim stets einen Stich ins Herz[1]). Sie war früh verwundet, oft zurückgestoßen, hart erzogen worden; aber so bitter sie auch den Mangel an Liebe empfand, ahnte sie doch noch nicht, was es bedeuten sollte, daß ihr die Wohnstube fehlte. In ihrer eigenen fraulichen Entwicklung blieb dadurch etwas unausgebildet, was sich nie wieder nachholen ließ. Diese Tragweite erkannte sie noch nicht. Im Gegenteil war es ihre schmerzlichste Sehnsucht, ihren Töchtern einst einmal so viel Liebe zu erweisen, wie sie vermißt hatte, auf daß sie das Zutrauen zu ihrer Mutter nie zu verlieren brauchten[2]).

Da das häusliche Leben eher dazu angetan war, seine Mitglieder auseinanderzutreiben statt zusammenzuhalten, war Anna darauf angewiesen, einen Kreis ihr nahestehender Menschen außerhalb der Familie zu suchen. Sie hatte, wie jedes Mädchen, ihre Gespielen[3]), und einige derselben waren ihre guten Freundinnen: die beiden Cousinen, Regeli Locher und die schwermütige Meien[4]), die „Freundin Rahn", mit der sie bis zum Tode in regem Verkehr blieb[5]); vor allem aber Marie Babeli Schultheß[6]), die junge Frau des frühverstorbenen Felix Heß, des Freundes Lavaters[7]). Aus mitfühlendem und schmerzerfahrenem Herzen taten sie einander viele freundschaftliche Dienste[8]) und stimmten auch in ihrer religiösen und weltanschaulichen Überzeugung gut überein, da sie beide dem Kreise angehörten, dem der junge Felix Heß sein Wort geliehen hatte, und dessen Führer Lavater wurde.

Die „Patrioten", wie sie sich nannten, waren die Mitglieder der Helvetischen Gesellschaft zur Gerwj, die sich in den sechziger Jahren unter der Leitung Bodmers, des „Vaters der Jünglinge", zu eifrigen Debatten über politische und sozialethische Probleme zusammenfanden. Der Geist

---

[1]) II, 77; 368. — [2]) II, 200; 210. — [3]) II, 73; 75; 113 f.

[4]) II, 114; 175; 265 f.; III, 40 f.; II, 243.

[5]) II, 99; 154 f. — Sie war nicht, wie vielfach angenommen (Paul Natorp: Johann Heinrich Pestalozzi. Langensalza 1905. S. 180. — Karl Muthesius: Goethe und Pestalozzi. Leipzig 1908. S. 79. — Johann Gottlieb Fichtes Leben und literarischer Briefwechsel. Leipzig 1862². Bd. I, 158 f.), Fichtes Frau, sondern die Gattin von Hartmann Rahns Bruder, also deren Tante, Susanna, geb. Heß (Kr. A. I, 380; VIII, 462. — A. Corrodi-Sulzer: Anna Pestalozzis Freundin Rahn. In: P.-anum, 24. Jg. 1927, Nr. 1 und 2). — Hans Heinrich und Susanna Rahn leiteten später in Aarau ein gut besuchtes Erziehungsinstitut, und von dort nach dem Neuhof gingen die Beziehungen hinüber und herüber.

[6]) II, 99; 76; 121; 142; 220; 241; 259; 261; III, 35; Kr. A. I, 389.

[7]) Johann Caspar Lavater: Denkmal auf Johann Felix Heß. Zürich 1774.

[8]) II, 271.

Rousseaus und Montesquieus hatte die enthusiastischen Jünglinge im Sturm erfaßt, und mit Tendenzen der Aufklärung verbanden sie eine schwärmerische Erneuerung spartanischer Askese und stoischer Ethik: Streben nach Einfachheit und „Tugend", das heißt strengste Pflichterfüllung, Enthaltsamkeit, Überwindung sinnlicher Lust, Fürsorge für die Armen und Bedrückten und Kampf gegen Luxus und „Ausschweifungen" jeder Art[1]), kurz: äußerste Willensanspannung in der persönlichen Sphäre und Aufopferung der Individualität für das Vaterland. In unbedingter Konsequenz ihrer strengen Forderungen bemühten sie sich auch praktisch, die hohen ethischen Maßstäbe in das heruntergekommene öffentliche Leben hineinzutragen; das „Bauerngespräch" und der Grebel-Handel[2]) sind Zeugnisse ihres jugendlich-idealistischen Besserungseifers. Als Vorbereitung für eine künftige Wirksamkeit im Staate hielten die Besonneneren unter ihnen es vorerst noch für zweckmäßig, sich politisch zurückzuhalten und dem Rufe Rousseaus folgend sich aufs Land zu begeben[3]); denn ein untadelhaftes häusliches Leben sollte das Vorbild[4]) für den öffentlichen Staatshaushalt sein.

Stellt so das politische Ideal mehr eine Reinigung der Sitten als ein neues Programm dar, so erweist die religiöse Stellungnahme der Patrioten noch deutlicher ihr Streben nach Verbindung von Altem mit Neuem, von Orthodoxie mit Aufklärung. Von den deutschen gemäßigten Aufklärungstheologen (Spalding) übernahmen sie die Auffassung, daß das Christentum nicht im Dogma, sondern in „moralischer Ordnung" und sittlichem Lebenswandel bestehe. Felix Heß sprach daher in seiner „Prüfung der philosophischen und moralischen Predigten"[5]) „von dem Amte und dem Dienste der Vernunft und der Philosophie gegen die Religion und von der Nothwendigkeit und dem Werthe der Tugend unter der christlichen Religionsauffassung"[6]) und bemühte sich, eine Vermittlung zwischen Natur und Gnade, Vernunft und Offenbarung herzustellen. Nicht nur stellvertretender Gehorsam, sondern die Nachfolge Christi, nicht nur Gnade, sondern Erfüllung des Gesetzes und Notwendigkeit von Tugend und guten Werken vom christlichen Standpunkt aus sollen gepredigt werden. Mit dieser Verlegung des Schwerpunkts von Gott auf den Menschen und dieser Neigung zur Autonomie

[1]) Z.-St. 246; 249; 262; 290. — [2]) Z.-St. 304 ff.
[3]) Z.-St. 257. — [4]) Z.-St. 280.
[5]) Berlin 1767. Kurze Auszüge (aber nicht die charakteristischsten) bei Z.-St. 48 ff. — [6]) a. a. O. S. 6.

bewegen sich die jungen Theologen, ohne noch den Boden des reformierten Bekenntnisses zu verlassen, zu einem „vernünftigen“ Moralchristentum hin, das in seinem praktischen Zuge und seiner asketischen Einstellung eine gewisse Verwandtschaft mit dem Pietismus aufweist, obwohl die Patrioten dies damals heftig bestritten hätten.

Anna Schultheß war durch ihren Bruder Caspar[1]) mit dem Ideenkreis der Patrioten bekannt geworden. Der junge Pfarrer war derjenige ihrer Brüder, der ihr innerlich am nächsten stand[2]), da er ihr aus dem Schatze seines Wissens geistig am meisten zu bieten vermochte und sie zuerst mit den Problemen der Zürcher Jugendbewegung vertraut machte. Die Geschwister erörterten weitgehende politische und ethische Fragen miteinander, und Annas Geist bildete und weitete sich unter der brüderlichen Leitung. Auch mit seinen Freunden machte er sie bekannt, und wenn die jungen Leute an langen Winterabenden die Diskussionen aus der „Gerwe“ im „Pflug“ fortsetzten, hörte sie beim Bewirten dies und das, dachte darüber nach und machte es sich zu eigen[3]).

Einige der Jünglinge traten ihr mit der Zeit freundschaftlich nahe: Lavater und die beiden Füßli kannte sie gut[4]), mit Konrad Pfenninger musizierte sie regelmäßig[5]), und Heinrich Wyß, ein schwermütiger Jüngling, dessen Schwärmerei sich später fast bis zum religiösen Wahnsinn steigerte, warf sogar seine Leidenschaft auf sie[6]). Der fröhliche Vetter Hans Georg Schultheß, der „redliche Jörli“, wurde später ihr getreuer Liebesbote und segnete ihre Ehe ein[7]). Mit ihnen allen pflegte die Jungfer Schultheß einen angeregten Verkehr; sie alle vermittelten ihr die im Studium und in der Vereinigung neugewonnenen Erkenntnisse, von deren Quellen das Mädchen ausgeschlossen blieb. Lebendig wurden ihr aber wie mancher Frau die Dinge erst, als sie sie an einen bestimmten persönlichen Übermittler knüpfen konnte; durch Unterredungen zu zweien und das greifbare Vorbild totaler Lebensgestaltung nach den idealen Forderungen eröffnete sich ihr eine neue Welt, die über den üblichen Gesichtskreis der Zürcher

---

[1]) 1744—1816; 1766 V. D. M. — [2]) II, 157; 181; 185 ff. — [3]) II, 25.

[4]) Johann Heinrich (1745—1832), den späteren Geschichtsprofessor und Freund Johannes Müllers, und den Buchhändler Johann Caspar (1742—1783). II, 53; 121; 129; 158; 173; 222.

[5]) 1747—1792. II, 367 f.; 386. — Wernle III, 285.

[6]) 1745—1808. II, 127. — Wernle III, 289 ff.

[7]) 1747—1799. „Zum Grauen Wind“, später Pfarrer in Winterthur. Er war nicht der Hans Georg Schultheß, der den Montagsklub in Berlin gegründet und Klopstock nach Zürich begleitet hat, sondern dessen Neffe (Schultheß-Denkschrift). — II, 220; 255; III, 48; 57 f.; 90.

Jungfern weit hinausging. Es war der Freund Hans Caspar Bluntschli, der ihr die eigentliche Richtung ihres Lebens gab.

Menalk[1]), wie er von den Freunden genannt wurde, der Sohn eines Steinmetzen und Stubenverwalters zu den „Zimmerleuten“[2]), Theologe und Erzieher von vier reichen Kaufmannskindern[3]), war unter den Patrioten einer der schärfsten: tugendhaft, sittenstreng, asketisch bis zur Über=treibung. Eine tödliche Krankheit, gegen die er vergeblich Heilung suchte, gab seinem Wesen das Gepräge; sie erfüllte ihn in schweren Stunden mit niederdrückendem Gram[4]), er=hob ihn aber, wenn er es vermochte, sich selbst zu besiegen, weit über irdische Bindungen hinaus. Die Gewißheit, „nahe an den Grenzen der Ewigkeit“[5]) zu stehen, verlieh ihm eine seltene moralische Überlegenheit und Einwirkungs=kraft, aber zugleich etwas Unlebendiges, Verkrampftes. Über den Abstand zwischen Ideal und Wirklichkeit ver=mochte er sich nicht hinwegzusetzen[6]). Seine Energie ver=zehrte sich im Streben nach Tugend. Rousseauisches Natur=gefühl und Shaftesburyscher Ästhetizismus sind mit Wolff=scher Vollkommenheitsethik und stoischem Asketentum selt=sam in seinem Wesen verbunden. Die Mischung von „morali=scher Schönheit“[7]) und „moralischem Nutzen“[8]) ergibt einen herben ethischen Dualismus, der in dem Wahlspruch gipfelt: „Das, was uns Mühe macht, auszurotten, erhöht unsere Tugend[9]).“ Auf politischem Gebiet glaubte er sich zu Großem berufen und gedachte einmal, mit aller Leidenschaft seiner feurigen Seele die harten asketischen Ideale im Staat zu verwirklichen. Vielleicht käme es dann dahin, daß er „öffent=lich die Abschaffung der Mahlzeiten anriethe“[10])...

Sich mit dem Gedanken abzufinden, auf all die hohen Pläne verzichten zu müssen, war nicht leicht; aber mit eiserner Willensanspannung gelang es dem tapferen Jüngling, sich selbst aufzugeben und sein Ideal in den Freunden fort=zupflanzen. In rücksichtsloser Geradheit, die Person nicht schonend, richtete er sein Augenmerk fortan nur noch auf die Sache, wodurch sein Ton leicht ein wenig überheblich und moralpredigerhaft wurde; es ist fraglich, ob er deshalb bei

[1]) 1743—1767. Vielleicht nach Geßners Idylle „Menalkas und Aeschines, der Jäger“, in der sich der einfache Hirt auch nicht durch die verlockendsten Aussichten von seinem glücklichen Naturzustand abbringen läßt. (Salomon Geßner, Idyllen. Zürich 1756. S. 77 ff.)

[2]) P.=B. XIX, 57. — [3]) Z.=St. 269.

[4]) Z.=St. 271; 274. — [5]) II, 8.

[6]) Z.=St. 269. — [7]) Z.=St. 274. — [8]) Z.=St. 260; 265. — [9]) II, 342.

[10]) Z.=St. 261; 267; 269.

Caspar Schultheß nachhaltigen Erfolg erzielte. Tiefgreifender wirkte seine Persönlichkeit zweifellos auf Anna.

Wenn sich Menalk und Caspar über patriotische Angelegenheiten unterhielten, beteiligte sich auch Nanette an den Gesprächen; und als dann Caspar die traditionelle Bildungsreise antrat, setzte Bluntschli seine Besuche im „Pflug" um ihretwillen fort[1]). In diesen Abendstunden war es, wo er sie „auf andere Begriffe gebracht"[2]). Sie empfand sofort, welch einen Umschwung diese Unterredungen in ihre gesamte Lebensauffassung brachten und welch neue Perspektiven sich ihr eröffneten. Sie begann über die Bedeutung ihrer Handlungen nachzudenken, sie in größere Zusammenhänge einzuordnen und den Schwerpunkt ihrer Betrachtungsweise von der eigenen Person fort auf das allgemeine Wohl zu verlegen. Durch Menalk wurde sie frei und selbständig im Tun und Denken und aus der traditionellen Gebundenheit des konventionellen Bürgertums herausgehoben. Seine Tugendfestigkeit und Charakterstärke flößten ihr erst die notwendige Widerstandskraft ein, der Welt und den Eltern gegenüber ihre eigene Position zu vertreten. Das weite Feld sozialer Liebestätigkeit tut sich vor ihr auf, und gemeinsam mit Menalk springt sie Notleidenden bei[3]). Auch sie kennt nun nichts Höheres mehr, als nach „Tugend" zu streben: einfach und bedürfnislos zu leben, wohlzutun, moralisch „vollkommen" zu werden. Fortan lebt sie nicht mehr im Sein, sondern im Werden; Menalk hat ihrem Leben das Fundament gegeben, von dem aus es seinen eigenen Bau beginnen kann. Zuletzt führt er sie auch theoretisch in die Lektüre seiner Meister ein, und Rousseau wird nun ihr ständiger Berater[4]). Sie erhebt sich an Julies Tugendhaftigkeit und studiert besonders eingehend die Erziehung der Sophie im Hinblick auf ihre zukünftige frauliche Bestimmung.

Ihre Dankbarkeit für diese Erweiterung des Lebenskreises war unbegrenzt, und in überströmenden Worten gab sie ihr damals wie später den schönsten Ausdruck. „Eher werde ich mich selbst vergessen, ehe ich Menalk vergesse. Seine Reden ... sind in meinem Herzen wie in Marmor eingegraben[5])." Noch verknüpfte sie die Idee der Tugend mit der Person des Freundes; erst ein weiterer Schritt, durch die Erschütterung seines Todes beschleunigt, führte sie an die Dinge unmittelbar heran.

---

1) II, 142. — 2) II, 8. — 3) II, 110; 253; 26.
4) II, 324; 207; 339; III, 107; II, 108. — 5) II, 23 f.

Menalk seinerseits empfand starke Genugtuung, an Anna eine so gelehrige Schülerin für seine heiligsten Grundsätze gefunden zu haben. In freundschaftlichem Austausch begann auch er durch sie Bereicherungen zu erfahren: ihr klares Urteil wurde ihm für die Ausgestaltung seiner Aufsätze wichtig[1]), und ihre überzeugenden Tröstungen vermochten ihn wieder zu beruhigen[2]), wenn der Todesschmerz ihn zu überwältigen drohte. So gewöhnte sich sein wundes Herz mehr und mehr an ihren Zuspruch, und unvermerkt verwob sich ihre Gestalt mit den sehnsüchtigen Lebenswünschen des Sterbenden. Aber da alle noch so zarten Hoffnungen von vornherein der Entsagung ausgeliefert waren, rettete er sich in ein Phantasieleben hinein und warf in seltsamer Verwirrung der Gefühle seine ganze verhaltene Zärtlichkeit auf den Bruder Caspar[3]). Nur mit aller Kraft seiner starken Seele vermochte sich der arme Todgeweihte dann wieder aus diesem verstörten Doppelleben herauszureißen und zu klarem Verzicht auf Leben und Glück durchzuringen; in stoischer Resignation gedenkt er dann der Schwester und Braut des Freundes: „Der Himmel hat beyder Herz zur Liebe gebildet; in das meine legt er der freundschaft same, der jetzt aufkeimt, aber von dem Ungewitter ehe er Früchte bringt, erschlagen wird"[4]). —

Schon damals in Zürich wie auch später immer wieder[5]) hat man Anna Schultheß mit Hans Caspar Bluntschli versprochen geglaubt. Davon kann jedoch gar keine Rede sein. Menalk wußte seit langem, wohin ihn sein Weg führte, und war verantwortungsbewußt genug, kein Wort über die Lippen zu bringen, das unerfüllbare Hoffnungen hätte erwecken müssen. Daß er ihr gegenüber seine wahren Gefühle nie auch nur im geringsten verriet, steht ebenso fest, wie daß er in vertrauten Unterredungen, und je hinfälliger er wurde, desto offener, mit den Freunden über Anna sprach[6]). Sie allein wußten, wie tapfer und wie sieghaft er gekämpft hatte, eine gefährliche Leidenschaft zu unterdrücken, und wie anders manches sich gestaltet hätte, wenn ihm längeres Leben beschieden gewesen wäre.

Anna selbst hat stets mit Heftigkeit bestritten, daß Menalk ihr mehr als ein Freund gewesen wäre[7]). Gerade darum

---

[1]) Ms. Pestal. 550, 2. — [2]) II, 107. — [3]) Z.-St. 265.

[4]) Z.-St. 272. — Ein mehr als freundschaftliches Interesse Menalks an Caspar Schultheß' Braut Susette Motta läßt eine nähere Beziehung in früheren Jahren nicht ausgeschlossen erscheinen (Ms. Pestal. 550, 2. — Z.-St. 266).

[5]) II, 171. — Rosette Niederer-Kasthofer. In: Heinrich Pestalozzi: Vorträge und Reden zur Frauenfeier etc., a. a. O. S. 9. — [6]) II, 28; 54.

[7]) II, 26. — Korr.-Bl. 1878, 4.

hätte sie ihm vertrauensvoll soviel Einfluß auf die Gestaltung ihrer Persönlichkeit einräumen können, weil er niemals andere Absichten gehabt, als sie „moralisch besser zu machen". „Wir durften uns beide auf unsere Tugend verlassen." — Es scheint tatsächlich, daß s i e das Verhältnis rein kameradschaftlich auffaßte — oder wenigstens bewußt in freundschaftlichen Grenzen zu halten bemüht war. Es ist verständlich, daß sie namentlich später jedes tiefere Gefühl hartnäckig leugnete und niemals zugab, vor dem einen, dem sie Treue fürs Leben schenkte, einen anderen Mann wahrhaft geliebt zu haben. Und ihr ganzer Stolz empörte sich gegen die Auffassung, etwa leichtfertig von dem einen zum andern übergegangen oder gar von Menalk Pestalozzi „vermacht" worden zu sein[1]).

Immerhin kann der Mann, dessen Urteil sie, die Stolze, sich so willig unterwarf[2]), daß sie sich bei jeder Handlung fragte, ob sie auch in seinem Sinne geschähe, nicht spurlos an ihrem innersten Gefühl vorübergegangen sein. Aber was an widerstreitenden Gewalten in ihr wogte, verscheuchte sie vor sich selbst in die Tiefe des Unbewußten. Der entschlossene Wille tut auch hier viel. Ihr letztes Wort ist unbegrenzte Dankbarkeit und Hochachtung für den Freund, „dem ich, wen ich etwas Gutes in mir habe, die Entwiklung und Kenntnis davon zu verdanken habe; ... den er w i r k t e und t h a t wol einem Lavater ähnliche große Dinge, ich glaube, auch er habe sein Leben seines Eifers halben für die Menschheit zu frühe opfern müssen"[3]). —

Der Tod Menalks erschütterte Anna aufs tiefste. In den letzten Wochen war ihr Umgang frei und unabhängig geworden und hatte sich mehr und mehr von allen hemmenden Bindungen gelöst. Sie überhäufte den Freund mit Wohltaten und allen erdenklichen Erleichterungen und besuchte ihn an seinem Krankenlager, ohne auf das Gerede der Leute zu achten[4]). Nun mußte sie den Menschen hergeben, der ihr innerlich am nächsten stand, den besten Freund, den sie besaß. Aber sie glaubte fest an ein Wiedersehen im Jenseits[5]); und selbst auf Erden war er ihr nicht verloren. Denn er hatte ihr sein Bestes zurückgelassen: sein geistiges Sein. Die Gestalt des Freundes verklärte sich ihr zu einem wahren Heiligtume, und der „Unvergleichliche"[6]) erhob sich mehr

[1]) Morf III, 338 f. — [2]) II, 26. — [3]) Morf III, 339.
[4]) Er schreibt ihr kleine französische Billetts, da sich in dieser Sprache zarte Gefühle leichter zugleich entdecken und dennoch wiederum verhüllen lassen (Ms. Pestal. 550, 2). — [5]) II, 23. — [6]) II, 54.

noch als zu seinen Lebzeiten zum leuchtenden Vorbild ihrer Handlungsweise.

Tod und Leben reichen einander seltsam die Hand. Wenn es scheint, als ob in unerbittlichem Vergehen alle Hoffnung verschüttet wäre, erhebt sich aus der Vernichtung ein neues Sein. Es blieb Anna kaum Zeit, die Trauer über den Verlust des Freundes auszutragen; neue Erlebnisse überstürzten sich, ja die Erregung der Gemüter beschleunigte ihren Verlauf. Es schien, als sollte ihr Leben durch diesen Tod seine eigentliche Bestimmung nun erst erreichen: über Sterben und Vergehen hinweg vereinigten sich Anna Schultheß und Heinrich Pestalozzi zum ewigen Lebensbund.

2.

Heinrich Pestalozzi[1]) war in der Geborgenheit einer Wohnstube aufgewachsen, umhegt von mütterlicher Liebe und Fürsorge, gefestigt und beheimatet im Kreis der Familie für sein ganzes zukünftiges Leben. Nicht ebenso gesichert lebte er im Bereiche der öffentlichen Gesellschaft. In früher Erkenntnis unberechtigter sozialer Unterschiede stellte er sich von Jugend auf an die Seite der Unterdrückten; von vornherein unbürgerlich, lebte er in seltsamer Versunkenheit in einer höheren, traumhaften Welt, zu großen Taten bereit, die allem persönlichen Glück vorangehen sollten[2]). Ganz allgemein vertrat er das politische Ideal der Patrioten, doch charakteristisch ins Pädagogische gewendet[3]). Wie sie erfüllte ihn der Rousseau-Enthusiasmus, das Streben nach Einfachheit und Tugend, die Stimmung der Kulturkritik[4]); seine individuelle Entwicklung beginnt aber eigentlich erst mit dem Augenblick, in dem er sich von ihnen löst.

Vorerst scheint er sich eher unvorteilhaft von ihnen zu unterscheiden, die alle mehr oder weniger sicher in die Berufsbahn des Geistlichen einmünden. Er kommt weder mit dem theologischen noch dem juristischen Studium zustande und ergreift schließlich die Landwirtschaft, um als getreuester Jünger Rousseaus seine hochfliegenden Träume in die Wirklichkeit umzusetzen[5]). Alle seine Unternehmungen vollzieht er mit kindlichstem Glauben an ihre unumstößliche Richtigkeit, denn er ist gewohnt, stets nur seiner inneren Stimme zu

---

[1]) Die kurze Skizzierung Pestalozzis beschränkt sich — jetzt wie später — auf die notwendigsten Andeutungen gerade der Züge, die denen Annas konträr sind oder zur Entwicklung ihres beiderseitigen Verhältnisses beitragen.

[2]) II, 39; 42; 66; 116. — [3]) II, 65 f. — [4]) II, 39; 134; 313.

[5]) Der Plan erscheint schon II, 35 als beschlossene Tatsache, also unabhängig von der bevorstehenden Eheschließung.

folgen. Sie besitzt auch — auf weite Sicht hin — einen erstaunlich sicheren Instinkt; aber äußerlich erwecken seine Unternehmungen freilich einen traurigen Eindruck.

In Zürich hält man den jungen Pestalozzi mit mitleidigem Achselzucken für einen zwar grundehrlichen Menschen von guten geistigen Gaben, der es aber leider zu gar nichts Rechtem bringen wollte und überdies kein langes Leben versprach[1]). Die Verantwortung für die bedürftige Familie, die auf seinen Schultern liegt, vermag er nicht gebührend zu erfüllen; zur Realisierung seiner eigenen idealistischen Hoffnungen ist er zu ungeschickt. Pestalozzi erkennt selbst seine Fehler deutlich genug, ohne sie jedoch völlig beseitigen zu können. Er leidet unter seiner Unüberlegtheit, Heftigkeit, Unruhe[2]) und quält sich mit unaufhörlichen Selbstvorwürfen[3]). Darüber hinaus aber überwältigt ihn die Gewißheit einer ganz tiefen Schuld, nicht um seiner eigenen Mängel oder Vergehungen willen, sondern gleichsam metaphysisch wegen des Weltübels überhaupt. Er fühlt sich persönlich verantwortlich für allen namenlosen Jammer auf Erden und jedes Vergehen der Gesellschaft und jede Schuld des einzelnen. Diese ganz tiefe Verbundenheit mit allen Mühseligen und Beladenen macht die Größe seiner Seele aus und ist zugleich der Urgrund seines unendlichen Liebeswillens.

So wenig zielstrebig er auch, oberflächlich beurteilt, erscheint, erhebt er sich doch in entscheidenden Augenblicken zu klarer, mutiger Entschlossenheit. Sein Wesen, das nie gleichmäßige Beharrlichkeit, sondern ruck- und stoßweise Heftigkeit des Ergreifens nach langem tatenlosen Zögern kennzeichnet, erlebt nach verborgener innerer Vorbereitung scheinbar plötzliche Durchbrüche elementarer Kraft und Einsicht, die den ferneren Lauf seines Lebens grundlegend bestimmen. In einem solchen Moment heller Gespanntheit des Gefühls ergriff ihn „die gewaltige Leidenschaft der Liebe“[4]) zu Anna Schultheß.

Als Schwester des Freundes Caspar war sie ihm seit langem bekannt, ohne daß er ihre Existenz beachtet hätte. „Niemals will ich ein Mädchen mehr lieben als euch, ihr Freunde“, beteuert der stoische Jüngling[5]). Erst durch Menalk, der auch auf Pestalozzi einen ungeheuer starken Einfluß ausgeübt und ihn — mit erstaunlich feiner Einsicht in seine Fähigkeiten und Mängel — zum Vollstrecker seiner Pläne bestimmt hatte[6]), war er auf die „Tugend“ und „sittliche Erhabenheit“

[1]) II, 159. — [2]) II, 38; III, 82; 151. — [3]) II, 360 ff.; 389.
[4]) II, 18. — [5]) II, 231. — [6]) II, 39; 52; X, 583; XII, 424.

der Anna Schultheß aufmerksam geworden[1]). Obwohl sich nach und nach seine Verehrung „bis zur Begeisterung" steigerte, wäre es ihm doch nie in den Sinn gekommen, seine Gedanken anders als in bescheidenster Hochachtung zu der Freundin Menalks zu erheben, zumal ihre gänzlich verschiedenen Lebensverhältnisse und der beträchtliche Altersunterschied — sie war acht Jahre älter als er! — jede nähere Beziehung auszuschließen schienen. „Aber ich war ein Kind und kannte die Natur dieser Leidenschaft nicht, und wußte nicht, daß sie wie ein Blitz entsteht und Flammen entzündet, die unwiderstehbar verzehren[2])."

Als er sie eines Tages in tiefer Bewegung von Menalks Sterbebette kommen sah[3]), schlugen seine durch die Krankheit des Freundes aufgewühlten Gefühle wie Wellen über ihm zusammen. Er hatte ihr tief in die Seele geblickt und plötzlich die Gewißheit ewiger Zusammengehörigkeit erfahren. Noch versteht er kaum, was ihm geschah, und versucht, gegen die gewaltige Flut seiner Leidenschaft anzukämpfen. Doch vergebens. Der drohende Verlust des Freundes hat seine Widerstandskraft gebrochen. Er beginnt, die Übereinstimmung der Gefühle voraussetzend, für die Freundin ein „Denkmal Menalks"[4]) zu schreiben, in das er seine ganze zitternde Bewegtheit hineindichtet, und wagt, es ihr zu überreichen[5]). Er spricht sie noch das eine und andere Mal, da stirbt der Freund[6]). Der Sturm in seinem Innern wirft ihn nun vollends nieder; er erkrankt. Obwohl er sofort den gewaltigen Abstand seiner Persönlichkeit von der Menalks empfindet und dies Vernichtungsurteil auch aus dem Munde der Geliebten zu vernehmen fürchtet, glaubt er schließlich doch mit Rücksicht auf seine physische und psychische Gesundheit moralisch verpflichtet zu sein, sich Klarheit verschaffen zu dürfen. Zwischen Furcht und Hoffnung hin- und hergeworfen, gesteht er ihr seine Liebe.

Anna Schultheß nimmt die Tröstungen dankbar auf und bittet Pestalozzi, darin fortzufahren. Dringenderem Ungestüm weicht sie aus und schiebt Menalk in den Vordergrund der fortgeführten Korrespondenz, von dem sie in der Tat noch ganz befangen ist. So gewinnt sie Zeit zu ruhigerer Entwicklung. Sie kann sich unüberwindlich erscheinenden Hinder-

---

[1]) II, 20. — [2]) II, 28. — [3]) II, 20; 27 ff.

[4]) II, 15; 29. — Aller Wahrscheinlichkeit nach eine Totenklage oder Trauerode etwa im Stile Albrecht von Hallers.

[5]) Soweit die fernere Darstellung der Reihenfolge der Brautbriefe folgt, wird auf Einzelangaben der Quellenstellen verzichtet.

[6]) 24. V. 1767.

nissen einer Verbindung — der Mann denkt an Liebe, die Frau an Ehe! —: dem erheblichen Altersunterschied und den Schwierigkeiten, die die Eltern bereiten würden, nicht verschließen. Es ist ihr wohl bewußt, daß sie als die erfahrenere und dem unbeholfenen Jüngling überlegene Frau die Gestaltung des Verhältnisses in der Hand hält; denn noch hat ihr Herz nicht gesprochen. Sie gesteht ein, gegen Pestalozzis Vorzüge nicht gleichgültig zu sein und seine Tugend und Geistesqualitäten schätzen zu müssen; — und hierbei gelangt ihr plötzlich zum Bewußtsein, daß dies der Unterschied früheren „Liebhabern" gegenüber ist: daß Pestalozzi ihr zur „Vollkommenheit" verhelfen konnte, während „selbe es nicht wußten zu tun"[1]), das heißt, daß jene ihr geistig und charakterlich unterlegen waren und sie sich nicht an ihnen bilden konnte. Da sie erkennt, daß Pestalozzi ihr Großes entgegenzubringen vermag, und sie dies nicht verlieren möchte, bietet sie ihm die verwaiste Stelle Menalks an.

Der stürmische Liebhaber verspricht, sich zu bescheiden und geduldig zu warten; aber im gleichen Atemzuge wünscht er doch von ihr, was sie nur einem Einzigen unter allen Menschen schenken kann —. Im tiefsten Grunde ist er von ihrem Einverständnis längst überzeugt und fühlt, daß seine leidenschaftlichen Werbungen auf empfänglichen Boden fallen.

Nun glaubt einer des anderen nicht würdig zu sein; jeder vermeint zwar, den andern in allen seinen Vorzügen ganz zu durchschauen, und fühlt daher um so stärker die Verpflichtung, sich selbst mit allen seinen Fehlern zu erkennen zu geben, da nicht das Idealbild, sondern der wirkliche Mensch geliebt werden soll. So verabreden sie einen heimlichen Briefwechsel[2]), und in dem ersten, dem sogenannten Werbebrief[3]), gibt nun Pestalozzi der Freundin Rechenschaft über seine Persönlichkeit, seine Grundsätze, seine Lebensziele und -aufgaben.

---

[1]) II, 25.

[2]) Die völlig unwissenschaftliche Seyffarthsche Wiedergabe der Brautbriefe soll demnächst durch eine kritische Ausgabe ersetzt werden. Es erübrigt sich daher hier eine Berichtigung von Einzelheiten.

[3]) Mörikofer: Heinrich Pestalozzi und Anna Schultheß, a. a. O. S. 91, hält den Brief, der in der Sammlung der Mss. fehlt (da er schon kurz nach Pestalozzis Tode veröffentlicht wurde und bei dieser Gelegenheit wahrscheinlich im Original verloren ging), für eine von Niederer aufgestutzte Übertreibung. Für diese Annahme ist gar kein Grund vorhanden; ihr widersprechen sowohl Niederers Anmerkungen zu seiner Veröffentlichung (in: Rossels Allgemeiner Monatsschrift für Erziehung und Unterricht. Aachen 1829. S. 161 ff.) wie der Antwortbrief Annas. Gerade darum ist ja der Brief so jugendlich echt, weil alles so ernst und treu gewollt und doch nur so ganz und gar erdacht und nicht erlebt ist. Wenn man die Dinge jugendpsychologisch faßt, beheben sich leicht alle Schwierigkeiten.

Voll von hohem Idealismus legt er ihr seine Absicht dar, dem Vaterland zu dienen und ihm alle persönliche Bequemlichkeit unterzuordnen, in schlichtester Einfachheit auf dem Lande zu leben, seine Söhne zu Bauern zu erziehen, arme Kinder unbemittelter Mitbürger in sein Haus aufzunehmen, kurz: das Rousseauische Ideal zu erfüllen ganz im Gegensatz und ohne Rücksicht auf stadtzürcherische Konvention. Auch entdeckt er ihr in rückhaltloser Offenheit und allem Ernst seine Fehler, wie er sie sieht, da er in schmerzhafter Selbsterkenntnis die Möglichkeit in Betracht zieht, durch sie sein Lebensglück selbst empfindlich zu stören; und so viel Überwindung es ihn auch kostet, stellt er ihr tapfer nach diesen Eröffnungen noch einmal die Möglichkeit einer Lösung anheim.

Als Patriotin billigt Anna Schultheß Pestalozzis Pläne, und seine Fehler können ihr nicht gar so schlimm erscheinen. Nur seine Heftigkeit besorgt sie, denn dies ist auch ihr „Lieblingsfehler". Was soll das geben? „Können auch zwei Blinde einander führen?[1])" — Dagegen macht sie ihn ein wenig tantenhaft, wennschon seiner Bitte gemäß, auf andere Fehler aufmerksam: auf seinen Mangel an Vorsorglichkeit und seine allzu große Einfachheit und Bescheidenheit. Es scheint, daß sie immer noch die innere Freiheit besitzt, zwischen Liebe und Freundschaft zu wählen, je nachdem die „Vernunft" den Ausschlag geben wird. Und selbst als ihre Zuneigung zu Pestalozzi wächst, gibt sie ihr nicht nach, sondern läßt sie langsam reifen, bis die Zeit erfüllt ist.

Pestalozzi wagt nicht mehr, in sie zu dringen, und fragt nicht mehr, ob es ein Glück sei, daß sie sich lieben; es ist ihm Bestimmung, Aufgabe, Forderung; das Leben kann anders nicht mehr gedacht werden. Erst als seine Abreise nach Kirchberg bevorsteht, bittet er um Gewißheit.

Da gibt sie sich ihm ganz und für ewig zu eigen. Nach langer, besonnener Prüfung, nicht einer Leidenschaft folgend, sondern in Übereinstimmung von Herz und Verstand, reicht sie ihre Hand einem „rechtschaffenen" Manne, der sie auf dem Wege der „Tugend" zur „Vollkommenheit" zu führen vermag. Sie ist sich der Bedeutung ihres Schrittes wohl bewußt; sie weiß, daß sie damit ihr eigenes selbständiges Leben in die Hände eines Mannes legt, von dem, wenn er auch die Verantwortung für diese Bindung mit allem Ernst auf sich nimmt, nie ein gleiches Maß von Selbstaufopferung gefordert

---

[1]) II, 46.

wird. Auch stehen die äußeren Schwierigkeiten ihr drohend genug vor der Seele. Aber sie vertraut ihm. Ihre Liebe fühlt sich stark genug, alle Widerstände zu besiegen; und vor dem Angesichte Gottes gelobt sie ihm unverbrüchliche Treue. — Auch Pestalozzi sinkt, von Glück überwältigt, in überströmender Dankbarkeit vor Gott auf die Knie. Nach aufreibenden Wochen der Spannung und Qual fühlt er sich von Glückseligkeit durchströmt und mit frischem Mut zu großen Taten erfüllt. Ein neues Leben beginnt; denn zugleich mit der Verlobung betritt er die Bahn seines künftigen Berufs.

Die Zeit seiner Übersiedlung zu Tschiffeli naht heran; so bleiben den beiden für den Genuß ihrer jungen Liebe nur wenige Tage. So oft sie nur können, erstehlen sie ein Stündchen für ihre heimlichen Zusammenkünfte, und die unnahbare, stolze Zürichtochter macht sich keine Bedenken, hinter dem Rücken der Eltern in dunklen Abendstunden auf verborgenen Pfaden mit dem Geliebten zusammenzutreffen. Denn ihr Gewissen ist rein und ihre Liebe stark; sie sind beide freie und reife Persönlichkeiten und können sich auf ihre „Tugend" verlassen. Sie genießen noch eine letzte ganze selige Nacht im Walde bei Wollishofen[1]), teilen die Haarlocke Menalks als heiliges Symbol ihrer Verpflichtung zu dankbarem Gedenken und würdiger Nachfolge, befestigen ein Erinnerungszeichen dieses bedeutenden Augenblicks an einer jungen Tanne, die in der Nähe steht und von nun an ihr lieber Spaziergang wird, und lassen den vollen Mond durch die weitgeöffneten Fenster einer einsamen Hütte Zeuge sein ihrer unschuldigen Umarmungen. Es sind unvergeßlich schöne, friedevolle Stunden, in denen zwei junge Menschen, ganz dem Augenblicke des Erlebens hingegeben, ungetrübt von den Schatten einer fernen Zukunft, einander das Glück ihres Lebens danken. — Dann zieht er fort ins Berngebiet.

Betrachtet man den Typus ihrer Liebesgesinnung, so tritt der Unterschied in beider Haltung charakteristisch hervor: Pestalozzi leidenschaftlich stürmend, unbedacht, heftig, von alles überwältigender Liebe erfaßt, nur im gegenwärtigen Augenblick lebend; Anna reflektiv, verantwortungsbewußt, klar einsichtig, nie die Besinnung verlierend, aus warmer Zuneigung heraus und erst mit der Zeit, ja man darf sagen: erst mit dem Besitz ihre Liebe zu der ihr innewohnenden Größe entwickelnd. Sie war auch fernerhin noch steigerungsfähig;

---

[1]) II, 96 ff.; 114; 198 ff.

denn erst seit Pestalozzi ganz der ihre ist und sie ihr Gefühl rückhaltlos in das Verhältnis hineintun darf, weicht ihre strenge Zurückhaltung einer zärtlichen Güte. Zudem ist deutlich, daß ein geistiger, ja fast intellektueller Zug ihre Liebe durchzieht, ein Wertmotiv, wenn sie betont, „daß ich mehr noch meinen Verstand als mein Herz dabei zu Rate gezogen, ehe ich Dir gestanden, daß ich Dich liebe“[1]). Was sie damit sagen will, ist dies: daß ein erotischer Zusammenklang allein sie nicht hätte bewegen können, sich mit einem Manne fürs Leben zu verbinden. Erst die Vereinigung eines „redlichen Herzens“ mit überlegenem Verstand hat ihr Pestalozzi so liebenswert gemacht[2]). Da sie selbst einen raschen Geist und ein starkes Herz besitzt, muß der Mann, dem sie sich hingeben kann, ihren höchsten Ansprüchen genügen, sie muß zu ihm aufblicken, ihn achten, stolz auf ihn sein und ihren harten und strengen Sinn vor ihm beugen können. Sie mag keine Ehe, in der die Frau klüger ist als der Mann[3]); und niemals würde sie es ertragen, wenn er um seiner Liebe willen höhere Anforderungen vernachlässigte[4]) und sich einst nicht überlegen und heldenhaft im Lebenskampfe erwiese —.

Alle anderen Bedenken stehen darüber zurück. Von dem Altersunterschied ist seit dem Augenblick keine Rede mehr, in dem sich Anna als „schwaches Weib“, für das sie sich ernstlich ausgibt, der Leitung des geliebten Mannes anvertraut hat. Und in der Tat übernimmt der junge Pestalozzi die kraftvolle, männliche Führung des Verhältnisses, und selbst die ganz eigene Art mütterlicher Überlegenheit einer reifen Frau jedem Manne gegenüber ist bei Anna nicht spürbar. Vielleicht, weil eine ausgesprochen mütterliche Einstellung ihr überhaupt nicht eigen ist. Die Schwierigkeiten einer Ehe als solcher will sie tapfer auf sich nehmen; sie sind ja ihre Bestimmung und schließlich auch ihre Sehnsucht seit langem. Niemand vermag sie ihr mehr zu erleichtern als Pestalozzi, der Mann ihrer eigenen Wahl. Denn sie weiß wohl, welches Elend manch eine ihrer Gespielen erdulden muß, die ungefragt einem ungeliebten Mann ausgeliefert worden ist; und mit inniger Dankbarkeit empfindet sie besonders wohltuend Pestalozzis keusche Zartheit und Ehrerbietung Frauen gegenüber[5]). Daß sie ihm ohne Wissen ihrer Eltern das bindende Eheversprechen gab, bedeutet für die damalige Zeit etwas Besonderes, zumal sie mit den Verhält-

[1]) II, 77. — [2]) II, 50 f.; 245. — [3]) II, 147.
[4]) II, 78. — [5]) II, 51; 74; 142.

nissen seiner Familie und seines Berufes völlig unbekannt war; aber das alles steht für sie erst in zweiter Linie. Eine Entscheidung, die nicht weniger erforderte als den Bund zweier Menschen auf Lebenszeit, hatte es auch mit nichts anderem zu tun als mit der Persönlichkeit des Geliebten. Wer aber war diese? Man weiß, wie in Zürich über den jungen Pestalozzi geurteilt wurde: er galt als ein häßlicher, armer Teufel, als ein gutmütiger Narr. Und was wußte sie selbst eigentlich von ihm? Die gegenseitige Aufdeckung ihrer Fehler, so ehrlich sie gemeint war, konnte doch in Wirklichkeit nicht viel zur näheren Kenntnis beitragen. Trotzdem kannten sie einander, darüber bestand kein Zweifel. Vermöge eines tiefen Verstehens, das die Liebe eingab, wußte jeder vom andern mehr, als Worte je auszudrücken vermögen. Über aller Wunderlichkeit und Unordentlichkeit erblickte die schöne, wohlhabende, gebildete und begehrte Jungfer damals als die einzige an dem unbekannten und unbeachteten Jüngling zwei tiefe, dunkle Augen; und als die erste erkannte Anna Schultheß hinter diesen schwarzen Augen die Güte des Herzens, die Größe des Geistes, die ganze Zartheit von Pestalozzis reiner Seele[1]. Ihr gab sie sich hin. —

Und fragt man, wie das Idealbild einer Frau beschaffen war, das Pestalozzi in seiner Seele trug, und inwieweit Anna Schultheß ihm entsprach, so stehen folgende Züge fest: er liebt in der Frau den Menschen, die Eigenschaften, die der Gesellschaft von Wert sein können, und nicht die sogenannten „spezifisch weiblichen“, an denen der Mann sein Vergnügen findet. Schon vor Jahren mußte er „diejenigen Frauenzimmer, die weiter nichts als lebendige Puppen für die Männer sind, und diejenigen Mannspersonen, deren einzige Bestimmung zu sein scheint, mit diesen Puppen zu spielen, von ganzem Herzen verachten“, denn er ahnte, daß „manches Frauenzimmer ... vielleicht auch eine Seele haben mögte[2]“ ... Seinem Rousseauischen Ideal entsprach eine Jungfrau, „nicht dem leichten Geschlecht der Mädchen gleich, deren Reize einen Augenblick da sind[3]“, sondern von „Unschuld“ und „ländlicher Einfalt“, Reinheit des Herzens und Adel der Seele. Er verehrt das In-sich-Ruhende, das ihm in der Frau entgegentritt, eine gewisse Heiterkeit und Geschlossenheit, Selbständigkeit und -sicherheit der Persönlichkeit. — Bis hierher unterscheidet sich seine Auffassung noch nicht von dem klassizistischen Persönlichkeits-

---

1) II, 232. — 2) Kr. A. I, 29. — 3) II, 56; 28; 30.

ideal der „schönen Seele“; aber darüber hinaus rühmt Pestalozzi an der Frau die aus dieser inneren Festigkeit entspringenden aktiven Eigenschaften des Mutes und der Tatkraft, der „Größe und Entschlossenheit“. Gerade diese Wendungen kehren immer wieder[1]). Sie steigern sich zu der Höhe von Edel- und Großmut, Erhabenheit und Heroismus; das Ideal der spartanischen Frau spielt hinein, die fähig ist, „dem Staat Bürger zu bilden“[2]). Nicht Anmut und Weichheit, sondern Würde und Härte sieht er in Anna Schultheß als dem Ideal einer Frau verwirklicht, wenn er sie „m ä n n l i c h e r Entschlüsse fähig“[3]) hält.

Jeder Mann sehnt sich nach der Frau, die ihm zur Vollendung seiner Persönlichkeit verhilft. Was dem jungen Pestalozzi fehlte, erhellt aus der Tatsache, daß der Jüngling die r e i f e Frau liebt: der Unfertige sehnt sich nach geprägter Form, die beiden Pole des naiven und sentimentalischen Charakters, der weiblichen und männlichen Form ziehen einander an, um sich zu vollendetem Menschentum zu verschmelzen. Nur ist hier merkwürdig, daß die Rollen vertauscht scheinen: Anna Schultheß vertritt den sentimentalischen Typ, die männliche Form, und Pestalozzis naiver Charakter besitzt tatsächlich — wie sich später erweisen wird — weibliche Züge: etwas Mütterliches, das i h r so auffällig fehlt; — vielleicht, daß gerade dieser Zug ihm dazu verhalf, über die männliche Einpoligkeit hinaus zu so vollendetem Menschentum zu gelangen.

Wir werden daher unsere Fragestellung in der Folge auf zweierlei richten müssen, denn für das Problem der Frau, von Pestalozzi aus gesehen, spaltet sich die Entwicklung; nämlich: wird das Frauen i d e a l, das Pestalozzi dichterisch und pädagogisch ausgestaltet, die angedeuteten Züge männlicher Prägung ebenfalls aufweisen, das heißt, bewahrt Pestalozzi sein in der Jugend konzipiertes Ideal — weil es Züge trägt, die ihm auch ferner zur Ergänzung bedürftig sind —, und zweitens: entwickelt sich Anna Schultheß in der erwarteten Richtung zu einer „spartanischen Bürgerin“? Zusammenfassend ergibt sich daraus die Frage, ob Anna auch weiterhin das Frauenideal Pestalozzis verkörpert, das heißt konkret ausgedrückt: ist Gertrud mit ihr identisch? Erst die folgende Entwicklung wird die Möglichkeit geben, diese Fragen zu entscheiden. Notwendig erscheint jetzt aber die Überlegung, ob im gegenwärtigen Augenblick Anna Schultheß

---

1) II, 78; 215; 326. — 2) II, 33. — 3) II, 56.

Pestalozzis Ideal wirklich entsprach, oder ob er mehr in sie hineinsah, als sie tatsächlich erfüllte. Darauf ist zu antworten: sie berechtigte durchaus zu den Erwartungen und Forderungen, die Pestalozzi an sie stellte, und hob sich in „Größe und Entschlossenheit“ sowohl in dem schon Erreichten wie in den entwicklungsfähigen Anlagen weit über das übliche Maß Zürcher Frauen hinaus. Was ihr fehlte, war die Einheitlichkeit; aber der „Silberblick der Liebe“ legte sie in sie hinein und erschaute mit idealschöpferischer Kraft in noch unentwickelten Möglichkeiten schon künftige Vollkommenheit. Und in der Tat verhalf diese schöpferische Liebe den schlummernden Kräften der Geliebten zu ungeahnter Steigerung: Annas seelische Fähigkeiten erscheinen in diesen ersten Zeiten des Glücks in einem Maße beflügelt und beschwingt, wie sie es nie wieder erreicht haben. So schuf Pestalozzi durch die Kraft seiner Liebe das erste Idealbild eines Weibes in die Seele seiner Freundin hinein; die erste nur andeutungsweise erkennbare Spur einer Gertrud. Es war ein gegenseitiges Geben und Nehmen, und es wird sich hier wie nie entscheiden lassen, wie weit die geliebte Frau die Idealschöpfung des Mannes angeregt, oder ob umgekehrt der Mann gerade deshalb diese Frau erwählt hat, weil sie seinem Urbild entsprach.

In Kirchberg bei Tschiffeli geht Pestalozzi wohl und zufrieden einer neuen, ihn fesselnden Tätigkeit entgegen und kommt daher leicht über den Abschied hinweg. Für die in alten Verhältnissen zurückbleibende Anna ist die Trennung härter. Ihr fällt nun die Aufgabe anheim, den Eltern die Freundschaft zu Pestalozzi zu eröffnen, und sie tut es mit möglichster Klugheit und Zurückhaltung, indem sie die wahren Beziehungen noch verschweigt. Zu ihrem Erstaunen werden ihre Mitteilungen freundlicher aufgenommen als erwartet; keine Einwendungen gegen das Patriotentum oder die landwirtschaftlichen Pläne werden vorgebracht; nur von Pestalozzis ökonomischen Fähigkeiten hält Frau Schultheß nicht viel. Indessen gestattet sie der Tochter einen Briefwechsel; und nun verkehren neben den heimlichen von Zeit zu Zeit „höfliche“, für die Augen der Eltern bestimmte Briefe, die in gemessener Form zuversichtlich von Pestalozzis Fortschritten und Aussichten in der Landwirtschaft berichten. Die häufigen und ausführlichen *persönlichen* Schreiben dagegen bringen in überströmendem Dank- und Glücksgefühl die Wonne ihrer Liebe zum Ausdruck oder behandeln in ernster und gewissenhafter Vorbereitung auf künftige gemeinsame Aufgaben Probleme der Ehe und der „Auferziehung“ der Kinder im Geiste Rousseaus. Annas Gedanken kreisen nun Tag und Nacht um die bevorstehende Vereinigung, und mit hoffnungsfrohen Farben malt sie sich ihr Leben an Pestalozzis Seite im Kreise edler Söhne und tugendhafter Töchter aus.

Indessen wird ihnen unvermutet ein Wiedersehen beschert, das sich zum schönsten Fest ihrer Liebe gestaltet. Anna ist nach Brugg zu Gevatter gebeten[1]), und Pestalozzi eilt ihr den Tagesmarsch von Kirchberg aus fröhlich entgegen, um frei von aller städtischen Einengung in unabhängiger, ländlicher Einsamkeit drei unvergeßlich schöne Herbsttage[2]) mit ihr zu genießen. In leuchtend goldenen Mittagsstunden durchstreifen sie die Fluren und Wälder der Habsburg; fröhlich und unbeschwert scherzen und singen sie wie übermütige Kinder. Doch als die Nacht sich herniedersenkt, verstummen sie und finden ihre Seelen in ernstem, tiefem Schweigen. Das Kind, das sie miteinander aus der Taufe heben und Heinrich nennen, wird ihnen zum Symbol ihrer Vereinigung; aber noch ahnen sie nicht, daß in kurzer Zeit zu Füßen der festen Burg, die ihre Umarmungen beschützt hat, ihr Neuhof erstehen wird.

Das Überwältigende dieser unerwarteten Begegnung und das letzte Auskosten heiterster Freude und tiefsten Ernstes erheben dieses Zusammensein zu dem unvergeßlichen Höhepunkt ihrer jungen Liebe, weil es wie kein anderes, losgelöst von äußerer Gebundenheit, die reichste Skala innerster Empfindungen zum Klingen gebracht hat.

Von nun an leben die beiden in der Hoffnung von einer Begegnung zur andern. So wäre eine Reise Annas ins Neuenburger Land zur Hochzeit von Caspar Schultheß und Susette Motta restlos froh begrüßt worden, wenn nicht das Widerstreben der Mutter Schultheß gegen eine Zusammenkunft Annas mit Pestalozzi die ersten bitteren Tropfen in den Becher der Freude gegossen hätte. In drohenden Briefen drückt sie ihre Zweifel an Pestalozzis landwirtschaftlicher Tüchtigkeit aus und verlangt Beweise seiner erfolgreichen Unternehmungen. „Sie weiß nicht, daß ich mit Dir Zentnersteine heben würde, wo mit jemand anderem eine Stecknadel“[3]), schreibt Anna, und ihr

[1]) Bei dem ersten Kind ihres Vetters, des Helfers Johann Heinrich Roll (1726—1794), von 1770 an Pfarrer zu Seon.
[2]) Anfang Oktober 1767. — [3]) II, 182.

Herz beginnt zu klopfen, wenn sie sich vorstellt, die Mutter wüßte, wie weit ihre Beziehungen schon gediehen sind, oder hätte am Ende längst „mit ihren alles durchdringenden Augen“[1]) ihre geheimen Kästchen durchsucht, in denen die Briefe und Bilder des Freundes verwahrt liegen. Düstere Schatten steigen drohend herauf und werden noch verstärkt durch den Anblick der Szenen, die die Mutter Motta ihrer Tochter bereitet und die der erschreckten Anna wie Vorklänge ihrer eigenen unsicheren Zukunft erscheinen. Aber ihre Liebe vermögen sie nicht zu erschüttern. Allen äußeren Anfechtungen stellen sich die beiden in der sieghaften Überzeugung unwandelbarer Schicksalsverbundenheit getrost entgegen. Sie können sich in den heiligsten Prüfungen ihres Herzens keinen Vorwurf machen. „Wir haben uns gewählt. Wir hatten das Recht, bei der Gewißheit der Übereinstimmung unserer Herzen zu wählen. Wir sind den Vorstellungen unserer Eltern Aufmerksamkeit, Ehrerbietung und Gehorsam schuldig. Wir wollen sie anhören und jedes Wort mit der frömmsten Behutsamkeit erwägen und ihre Gründe alles mögliche Gewicht auf unsere Handlungen haben lassen. Aber mit eben der Hochachtung wollen wir, was wir uns selbst, unserer Ehre und unserer eigenen Vervollkommnung schuldig sind, auch überlegen. Mädchen, Du bist nicht bestimmt, unter dem Staube eines Comptoirs vergraben zu bleiben. Du hast ein Vaterland und einen Geliebten! Mein Herz schwillt bei diesem Gedanken, und bei der strengsten Begegnis bist Du die Meine und das ist genug[2]).“ —

Mühsamer zu überwinden als diese äußeren waren die inneren Schwierigkeiten, die während des Zusammenseins der Liebenden im Valtravers sich ergaben und die ihre unbekümmerte Freudigkeit stärker zu beeinträchtigen und die bisher in stetiger Aufwärtsbewegung begriffene Kurve des Glücks empfindlicher abzubiegen drohten. Pestalozzi war nicht mehr derselbe wie in Brugg; die kurze Zeit praktischer Tätigkeit hatte ihn zum Manne gereift. Durch die lebendige Berührung mit der Erde rückte er, zunächst unbewußt, von dem jugendlichen Schwärmertum des Zürcher Kreises ab und ersetzte Bluntschlis durch Tschiffelis System, idealistisches Pläneschmieden durch praktische Volkswohlfahrtsbestrebungen. Anna spürte sogleich die Veränderung und befürchtete einen Abfall des Freundes von der beschworenen patriotischen Gesinnung; überhaupt beginnt sie mit an-

[1]) II, 196. — [2]) II, 203.

einrichtung in Müligen: ein glücklicher Augenblick für Pestalozzi, bis hierhin gelangt zu sein, und doch zugleich ein beängstigender Gedanke, seiner verwöhnten Braut nichts Besseres als „eine so armselige Landhütte“ anbieten zu können, die nicht einmal wetterfest war[1])!

Schließlich schien auch die Mutter Schultheß die Unerschütterlichkeit der Liebenden einzusehen. Sie ändert ihre Taktik und bittet nun unter Tränen, noch zwei Jahre zu warten, sonst würde der Kummer sie bald ins Grab bringen und die Tochter ihren Tod zu verantworten haben. Diesen Tönen gegenüber wird Anna zweifelhaft, denn sie weiß, daß die Mutter es im Grunde gut meint; aber Pestalozzi beschwört sie um Gottes Willen, in den geforderten Aufschub nicht einzuwilligen. So spitzt sich die Situation mehr und mehr zu; vor den Augen der Tochter erweist die Mutter dem Geliebten ihre ausgesprochene Verachtung; zitternd muß sie mitanhören, wie der Freund, seiner selbst nicht mehr mächtig, leidenschaftlich antwortet und zuletzt aus dem Hause gewiesen wird. Da gibt es für sie kein Zurück mehr. Ihr Leben ist nun völlig mit dem des Mannes verschmolzen, „dem ich mich jetzt ganz geopfert habe“[2]). Sie hat nur noch die eine Bitte: so schnell wie möglich das Haus zu verlassen, um die Blicke und Reden der Zürcher nicht länger mehr ertragen zu müssen.

Trübe und krank vor Elend verpackt sie ihre persönlichen Habseligkeiten. Alles Interesse an den Dingen der Außenwelt ist abgestorben. Tag und Nacht quält sie sich um die Rechtfertigung ihres Entschlusses. „Sollten wir auch durch diese Wege vielleicht inne werden, daß wir vielleicht irren[3])?“ Todesgedanken drängen sich auf. Und auch in Pestalozzi rast die Verzweiflung. „Ich habe Dich unglücklich gemacht... ich habe Dir den Segen Deiner Eltern entrissen.“ Wird es in seiner Hand liegen, sie jemals wieder zu beruhigen? — Aber trotz allem können sie keinen Fehl an ihrer Liebe erblicken. „Warum lieben wir uns? Und warum hast Du angefangen, mich zu lieben? Waren die Beweggründe zu wenig erhaben, daß Du diese Liebe heute fehlerhaft nennst? — Nein, mein Geliebter! Mein Herz und mein Verstand billigen in der strengsten Untersuchung meine Wahl, und wärest Du reich, so hätte die ganze Welt sie gebilligt, nur ich allein vielleicht nicht, denn Deine Umstände selbst und die Meinigen waren Wege der Vorsehung, die uns zur wahren Glück-

[1]) II, 354 f. — [2]) II, 346. — [3]) II, 367.

seligkeit führen mußten, beherzt durch diese anscheinenden Hindernisse[1]).“

Inzwischen war mit Hilfe der Mutter Pestalozzi das neue Heim notdürftig instand gesetzt, und die offizielle Meinung Zürichs hatte sich durch den Bürgermeister Heidegger für Pestalozzi und gegen die Eltern Schultheß ausgesprochen. Da endlich gestattet der Vater, daß die Kinder öffentlich als Verlobte gelten dürfen. Dieses Wort erweckt die gesunkenen Hoffnungen zu neuem Leben, und in der gesicherten Aussicht, sich rechtmäßig besitzen zu dürfen, bringen die Liebenden den Eltern gern das Opfer, in der Wahl des Zeitpunkts ihrer Vereinigung ihnen gefällig zu sein. Anna will alles tun, um die zürnende Mutter zu versöhnen, aber sie zählt die Tage bis zur Hochzeit und glaubt sündhafterweise, nicht in die Vollkommenheit eingehen zu können, ehe sie nicht den „Vorhimmel“ genossen habe, nach dem sie sich sehnt.

Es sollte ihr aber nicht vergönnt sein, die letzten Wochen im Vaterhaus in Frieden zu verleben. Ein wiederholter heftiger Zusammenstoß zwischen Pestalozzi und der Mutter Schultheß schlug gleichsam dem Faß den Boden aus und beseitigte ihre letzten Bedenken. „Ich weiß, daß ich viel getan, das fehlerhaft in den Augen einer ernsthaften Mutter wäre, — aber diesen Aberwillen gegen die Person, die ich liebe, und bei diesem Anlaß alle Pfeile auf mich loszuschießen, das verdiene ich nicht.“ Und restlos übergibt sie sich Pestalozzis Bestimmung: „Im Namen Gottes, schließt über mich ab[2]).“

Ihr Fortgang aus des Vaters Hause wird festgesetzt. Man willigt ein, daß sie in der Stille und ohne Aufhebens — das heißt ohne Hochzeit! — nach der Zurzacher Herbstmesse, „wie sie da geh und steh“[3]) zu Pestalozzi übersiedele; nur ihre Kleider, ihr Klavier und ihren Sparhafen darf sie mitnehmen. Es dringt Anna nicht mehr klar ins Bewußtsein, was mit ihr geschieht; sie erfaßt nur noch den einen Gedanken, daß zweieinhalb Jahre qualvollen Leidens überstanden sind. Wie in einem dumpfen Traum verstreichen die letzten, trennenden Tage, und sie bemüht sich krampfhaft, die mühsam aufrecht erhaltene Fassung bis zuletzt zu bewahren und den Eltern die schuldige Ehrfurcht zu erweisen. Sie gewinnt es über sich, der Mutter für alle Wohltaten kindlich zu danken und sie zu sich auf ihr Gütchen einzuladen. Die aber

---

[1]) II, 407. — [2]) III, 79. — [3]) Haushaltungsbuch.

schlägt es ab. „Ich wünsche, daß es Dir so gehe, wie Du hoffst, denn Du wirst nur auf Wasser und Brot eingeladen[1].“ Aber Anna bleibt standhaft; sie wisse, „daß auch das sich ändern müsse ...“

Der Freund darf die Braut nicht im Hause ihrer Eltern empfangen. Ohne Abschied auch von den nächsten Verwandten muß sie es abends bei Dämmerung still verlassen und mit ihrem Bündelchen allein zum „Roten Gatter“ hinübergehen. Dort führt die sanfte Mutter Pestalozzi sie in die Arme des Geliebten. Am letzten Tage des Herbstmonats[2]) werden sie von dem getreuen Hans Jörli in dem Kirchlein zu Gebisdorf getraut[3]); dann wandern sie Hand in Hand der neuen Heimat entgegen.

3.

Nachdem Anna Schultheß so an uns vorübergeschritten ist, ergibt sich die Möglichkeit, ihre Persönlichkeit auf Grund der Brautbriefe genauer zu charakterisieren[4]). Der wechselnde Ton ihrer Briefe von konventioneller Höflichkeit zu rückhaltloser Hingabe, von leidenschaftlicher Erregung zu zärtlicher Sanftmut bezeigt einen solchen Reichtum von Ausdrucks- und Empfindungsmöglichkeiten, daß es nicht möglich ist, die Persönlichkeit Anna Schultheß' einseitig festzulegen, sondern notwendig, den verschiedenen sich kreuzenden Geisteshaltungen nachzugehen und den sich dadurch ergebenden Widerstreit zwischen Anlage und Willensrichtung charakterologisch zu verstehen.

Von Natur ist sie durchaus aktiv, zur Tätigkeit drängend — und auch dazu erzogen —, schnell erregt, sensibel, auf Eindrücke und Stimmungen leicht reagierend, temperamentvoll und oft sogar heftig. Diese expansiven Eigenschaften werden jedoch, fast noch ehe sie die Oberfläche der Verwirklichung erreichen, durch die Ergebnisse bürgerlicher Konvention reguliert und gehemmt. Das innerlich bewegte Mädchen wirkt so nach außen beherrscht, gewandt, korrekt. Vollkommen im Besitze feiner Umgangsformen, bewahrt sie einen fühlbaren Abstand gegen Fernerstehende, das heißt eigentlich gegen

---

[1]) III, 127.

[2]) 30. IX. 1769. — Zur Streitfrage über Pestalozzis Trauungstag vgl. P.-B. XIII, 48.

[3]) Die Copulationsrede bei Pestalozzis Verheiratung durch Pfarrer Georg Schultheß vgl. P.-B. IV, 49 ff. (Ps. 37, 3—5).

[4]) Die Auffassung von Karl Muthesius: Goethe und Pestalozzi. Leipzig 1908. S. 236 f.: die Charakteristik in Lavaters Physiognomischen Fragmenten, I. Bd., 3. Teil, S. 194, sei auf die junge Frau Pestalozzi bezogen, läßt sich nicht halten. Die Silhouette ist den Porträts von Frau Anna durchaus unähnlich.

alle Menschen mit Ausnahme der ganz wenigen, denen sie Zugang zu ihrem inneren Wesen gestattet. Diese reservierte Haltung und Beherrschung des „Welttons" tragen es ihr ein, von Fremden für eitel gehalten zu werden, während andere, die ein wenig mit ihr umgegangen sind, ihre Liebenswürdigkeit rühmen[1]). So bildet sich mit der Zeit eine Verschlossenheit heraus, die ihre tiefsten Empfindungen in immer verstecktere Winkel des Herzens schiebt und sich endlich zu der Unfähigkeit steigert, ungebrochene Gefühle, die sie doch lieben Menschen gegenüber herzlich empfindet, überhaupt noch lebendig mitzuteilen. Anna leidet selbst schmerzlich unter diesen inneren Hemmungen; sie wirft sich vor, gerade in Augenblicken, wo alles darauf ankäme, über sich selbst hinweg anderen beizuspringen und Seele zu Seele sprechen zu lassen, gefesselt durch die eigene Schwere — gleichsam wie im schreckhaften Traum — untätig und stumm anderer Not mitansehen zu müssen, ohne auch nur ein Wörtchen der Liebe über die Lippen bringen zu können[2]). Diese Unfreiheit im natürlichen Sichgeben steht in engem Zusammenhang mit dem im „Pflug" üblichen Ton. Von klein auf gewohnt, ihr Inneres vor den Angehörigen zu verschließen, steht es schließlich auch späterhin nicht mehr in ihrer Macht, es freiwillig zu öffnen; aus der Verschlossenheit bildet sich eine Verhärtung, und die Gefahr liegt nahe, daß der Mangel einer mütterlichen Wohnstube zu der Unfähigkeit führen wird, als Frau selbst eine solche aufzubauen. — Ein ausgeprägter Zug ursprünglichen Humors[3]) scheint die starre Form immer wieder zu durchbrechen, aber er ist nur das ständige Korrelat eines tief eingewurzelten Weltschmerzes.

Ihre geistigen Fähigkeiten, die über den üblichen Durchschnitt damaliger Frauenbildung beträchtlich hinausreichten, erweisen sich in praktischer Klugheit, klarer Urteilsfähigkeit, offenem Blick für alle Vorfälle ihrer Umgebung. Es sind alte Zürcher Eigenschaften, die hier in der Schultheßin zum Durchbruch gelangen, die sie darum mit stolzem Heimatgefühl für die Vaterstadt erfüllen. Gelegentliche Äußerungen herber Kritik der bestehenden Verhältnisse beweisen nur ihre Verantwortlichkeit und Verpflichtung, an der Besserung mitzuwirken[4]). Denn sie hat sich von kleinbürgerlicher Traditionsgebundenheit befreit und in Selbständigkeit und eigener Position ihren Blick auf echte Werte gerichtet. — Wie den

[1]) II, 257; 216. — [2]) 225; 259.
[3]) II, 59 f.; 324; III, 88. — [4]) II, 26; 138.

Verhältnissen im großen, so bewährt sich auch einzelnen Menschen gegenüber ihr treffendes Urteil und ihr Sinn für Echtheit. In der Fremde beobachtet sie den Unterschied des Neuenburger von dem Zürcher Geist; das Ungezwungenere im Umgang sagt ihr zu, aber sie bemerkt auch, daß hinter der harmlosen Geselligkeit nicht der gleiche Ernst und die Tiefe stecken können, die sie gewohnt ist. Aus der Fülle der an ihr vorüberziehenden Gesichter entdeckt sie mit sicherem Instinkt die wertvollsten[1]), denn sie besitzt ein erstaunlich feines Gefühl für die Aristokratie des Geistes. Den Kreis ihrer Freunde zieht sie eng, aber um auserlesene Persönlichkeiten: an ihre Freundschaft mit Menalk darf nur noch einmal erinnert werden, wie auch daran, daß sie die erste und einzige war, die Pestalozzis Bedeutung zu einer Zeit erkannte, wo sie durchaus noch nicht offensichtlich zutage trat. — Ihr praktisches Verständnis wird besonders offenbar auf ökonomischem Gebiet, weil sie hier am ehesten Gelegenheit hatte, Pestalozzi gegenüber ihre Überlegenheit zu beweisen. So erklären sich die zahllosen Bedenken, die die Brautbriefe füllen, und ihre wiederholten Bitten, lieber klein und mit Eigenem anzufangen, als die Sorge einer Schuldenlast auf sich zu nehmen[2]). — Aber merkwürdig —; obwohl sie klar sieht, warnt und rät, vertraut sie schließlich doch und gibt hin, was sie besitzt, jetzt wie später; daß sie aber ihren ursprünglichen Rechnungssinn so kampflos aufgab, ist nicht einfach nur aus ihrer Liebe zu Pestalozzi zu verstehen, sondern liegt in ihrem tiefsten Wesen begründet.

Zunächst war ihr ja von den Patrioten die Verherrlichung des Landlebens, der „Simplicität", der Askese eingeimpft und zur „zweiten Natur" geworden. An den politischen Vorgängen ist sie lebhaft interessiert und leiht den patriotischen Inquisitionen ihre persönliche Hilfe, um der Tugend ihre Jünger zu erhalten[3]). Sie hält, wie Frauen oft, an dem einmal gefaßten Ideal doktrinärer fest als der Freund und ist darum fest entschlossen, mit Pestalozzi zusammen alle Entbehrungen auf sich zu nehmen, in einer kleinen Hütte Rousseau getreu nachzufolgen, um den Philistern zu beweisen, in welcher Eingeschränktheit man zu leben vermag, und zwar

---

[1]) II, 187 f.; 191; 209. — Die geistvolle alte Jungfer, die ihr in Neuenburg auffiel, ist die Schwester der Brüder Petitpierre, hervorragender Prediger, die wegen ihrer nahen Beziehung zu Rousseau in der welschen Schweiz eine bedeutende Rolle spielten. Vgl. Wernle I, 484 f.; II, 97; 232.

[2]) II, 137; 140; 146; 171 f.; 223; 230; 242; 254; III, 44; 91.

[3]) III, 46; 59; II, 175.

nicht aus „romanhaften Vorstellungen“, sondern aus echter Überzeugung heraus[1]).

Es erweist sich also, daß ein starker Wille hier von einem im tiefsten Sinne ethischen Standpunkt aus nach zuhöchst erkannten Idealen jede einzelne Handlungsweise so gut wie die Gestaltung des Lebens überhaupt beherrscht; und zwar sind es inhaltlich die durch Menalk in Anna geweckten moralischen Tendenzen der Aufklärung, die den Aufbau ihres Lebens bestimmen. — Trotz allem bleibt es zweifelhaft, ob diese Bestrebungen jemals mehr waren oder wurden als Ideale, das heißt ob sie — oder vielmehr, ob Anna die Möglichkeit der Verwirklichung in sich trug. Denn es muß noch einmal ausdrücklich betont werden, daß der Schwerpunkt ihrer Bemühungen in dem Streben nach „Tugend“ lag, also in einem Suchen, nicht einem Haben. Es liegt eine weite Spannung zwischen Sein und Wollen vor, und die ständige Hinaufrückung des Ideals birgt die Gefahr in sich, daß es schließlich, lebensfern und zu einem Idol erstarrt, nicht mehr das lebendige Streben durchleuchtet, sondern nur noch in der Reflexion als erdachtes Gebilde erscheint. Der Widerstreit zwischen Ideal und Wirklichkeit, in der Natur der Dinge begründet, verhärtet sich zu dem von Begriff und Leben, aus dem sich die heftigsten Konflikte ergeben.

Schon die junge Anna Schultheß lebte unter diesen Spannungen. Der gegenwärtige Stand ihrer Seelenverfassung entsprach zu keiner Zeit ihrem Ideal, und ihr Wille war beständig darauf gerichtet, ihr Wesen der vorgefaßten Norm näher zu bringen. In unablässigen Seelenkämpfen versuchte sie, dies Ziel zu erreichen. Nun liegt aber, das ist wichtig, ihr Ideal nicht in stetiger Fortentwicklung der anlagemäßig vorhandenen Eigenschaften, sondern merkwürdigerweise in vollkommen entgegengesetzter Richtung. Streben nach Tugend wirkt sich hier also negativ aus, als Kampf gegen Laster; es ist gleichbedeutend mit Ausrottung des Vorhandenen und Einpflanzung von etwas Neuem, ethisch Höhergewertetem. Besitzt Anna Schultheß also ursprünglich den aktiven Drang nach Tätigkeit, so erstrebt sie willensmäßig das Ideal passiver Kontemplation; liegt ihr die Berechnung ökonomischer Vorteile nahe, so überwindet sie sich in freiwilligem Verzicht; spielt sie gern die Dame der feinen Welt, so zieht sie sich bewußt aus der Welt zurück. Das stoisch-asketische Ideal der

[1]) II, 47 f.; 259 f.; 311; 355.

Patrioten erhält bei ihr eine ausgesprochen weltverneinende, eine pietistische Färbung; es sind Spuren des Einflusses ihres Vaters, denen wir hier begegnen.

Freilich in besonderer Ausprägung. Der herrnhutische Kreis, dem der alte Pfleger Schultheß angehörte, besaß eine zufriedene Heiterkeit und Ruhe des Gemüts, die Anna gänzlich fernliegen. Pietistische Merkmale, die sich bei ihr finden, sind vor allem die ständige Reflexion über die eigene Seele und die Analyse ihrer Fehler. Sie beobachtet ihre Handlungen, wenn nicht vorher durch gedankliche Vorbereitung, so doch nachher, indem sie sie spitzfindig zergliedert. Wenn es einmal geschieht, daß ihr Temperament mit ihr durchgeht, verfällt sie in tiefe Reue und ficht mit ihrem „Lieblingsfehler", der Heftigkeit und Unbeherrschtheit, harte Kämpfe aus[1]). Gleichzeitig kann sie es nun einmal nicht lassen, die Fehler anderer zu kritisieren, obwohl sie stets in Selbstvorwürfen vergeht, wenn sie sich — bei ihrer eigenen Sündhaftigkeit! — dabei ertappt[2]). Sie empfindet es besonders schmerzlich, an Pestalozzi diesen selben „Lieblingsfehler" zu beobachten; und da sie sich auch für das Heil s e i n e r Seele verantwortlich fühlt, beschwört sie ihn flehentlich, doch ja seine unüberlegte Leidenschaftlichkeit abzulegen[3]), um in gemeinsamem Tugendstreben das Ziel geistiger Vollkommenheit zu erreichen[4]).

Man gelangt bei der Charakterzeichnung, wenn man den Weg verfolgt, den Anna gewählt hat, zu einem wesentlich anderen Ziel, als die Natur offenbar mit ihr im Sinn gehabt hat, und das Leben wird sie vollends anders führen. — In allen ihren Äußerungen macht sich eine deutliche Z w e i s c h i c h t i g k e i t bemerkbar: ein kräftiger Untergrund vitaler Triebkräfte wird von einem ebenso starken Willen überdeckt, der eine zunächst wesensferne Oberschicht fremder Herkunft oktroyiert. Im Kampf zwischen beiden vollzieht sich ihr Leben; in der Jugend siegen die anlagemäßigen, im vorschreitenden Alter die erworbenen Kräfte. Paradox erscheint, daß diese aufgesetzte Schicht eine Verflechtung von Gefühlen und Gemütskräften ist, deren eigentliche Beschaffenheit Ursprünglichkeit, Nicht-Reflexion, Herzenswärme wäre. Die Gemütsseite ist aber bei Anna Schultheß von Natur weniger differenziert ausgebildet. Trotzdem — oder gerade darum? — bemüht sie sich um Güte, Sanftmut, Milde;

[1]) II, 46 f.; 285; 394; Kr. A. I, 44; 47 f.; 57 f.
[2]) II, 49; Kr. A. I, 66; 86 f.
[3]) II, 137; III, 86 f.; 121 f. — [4]) II, 260; III, 70.

Eigenschaften, die doch in Wahrheit niemals errungen werden können. Es ist die willentliche Erstrebung der Gemütskräfte; ein Widerspruch in sich selbst.

Darum erhalten auch ihre Gefühle, sofern sie in dieser Richtung liegen, etwas Unechtes, Gebrochenes; sie sind nicht ursprünglich empfunden, sondern reflektiert. Es ist mehr ein Schwelgen in Vorstellungen dieser Gefühle als ein unmittelbares Aufgehen in diesen selbst, „Empfindsamkeit" als Selbstzweck, also: Sentimentalität, wenn die „heroische" Jungfrau die Wollust der Tränen preist, in „angenehmem Schmerz" Erleichterung ihres Kummers findet[1]), die Einsamkeit aufsucht[2]) und das Leiden als geeignetstes Mittel zur Vollkommenheit preist[3]). Alle diese Momente einer „Gefühligkeit" lagen in der Luft und sind als „Wertherstimmung" in jener Zeit bekannt genug; aber sie muten merkwürdig an auf dem Boden der gesunden Schweiz und reformierter Nüchternheit und in dem Herzen einer Zürcher Jungfrau, die in aufklärerischem Geiste groß geworden war. — Das ist der Zwiespalt in ihrem Wesen, durch den sie sich ihr Leben selbst so unendlich erschwert hat. Denn es fiel ihr selbstverständlich keineswegs leicht, den gewohnten Ansprüchen und Lebensformen zu entsagen; aber sie zwang sich unter Kämpfen, den schwereren Weg zu gehen, weil er ihr als der ethisch höhere erschien.

Auch das Ideal ihrer Liebeshaltung ist ganz nach diesem Schema geformt: als eine durchaus selbständige Persönlichkeit sehnt sie sich gleichwohl nach Unterordnung unter einen stärkeren Gatten[4]), gibt kampflos alle eigene Initiative auf und nähert somit ihr Wunschbild Rousseaus Ideal der Sophie. Wohlgemerkt: ihr Wunschbild, nicht ihr Wesen selbst; denn einen letzten Vorbehalt müssen wir uns bewahren: dies alles ist nur mehr gewollt als getan; vorgenommen, aber noch nicht durchgeführt. Man darf nicht vergessen, daß Briefe, die ja allein unsere Quellen bilden, einen Menschen nur einseitig und vielleicht zu sehr von der Seite seines Strebens als seines Seins — wozu also die Realisation des Strebens gehört — zeigen. Die Idealbildung einer Persönlichkeit ist zwar für ihre Erkenntnis in hohem Maße aufschlußreich, aber nicht zureichend. Sie bedarf daher der nachträglichen Ergänzung durch andersartige Zeugnisse.

Vorläufig darf jedenfalls zusammenfassend gesagt werden: der Charakter von Anna Schultheß zeigt weder eine einheit-

---

[1]) II, 189; 220; 229 f.; 315; 321. — [2]) III, 115; 119.
[3]) III, 81; 90; 96. — [4]) II, 147; 174.

liche Veranlagung — denn auch der Wille, der die Geschlossenheit sprengt, gehört zur Veranlagung — noch eine einheitliche Entwicklung, sondern unter Kampf und Schmerz eine stark bewegte Tendenz zu einem außerhalb liegenden, wesensfremden Ideal. Die Divergenz zwischen Sollen und Sein ergibt eine starke Kompliziertheit der Persönlichkeit, die sich mit fortschreitender Entwicklung mehr und mehr steigert. Die Beschäftigung mit der eigenen Vervollkommnung steht durchaus im Mittelpunkt ihres Interesses, und sie nimmt ihr eigenes Ich viel zu wichtig, um je über sich hinaus zur Menschheit oder zur Sache gelangen und sich selbst restlos aufgeben zu können. Vergegenwärtigt man sich aber, an welche Stelle die Vorsehung Anna Schultheß berufen hat und erblickt im Geiste blitzlichthaft die Gestalt Pestalozzis daneben, so ermißt man die ganze Tragweite dieses letzten charakterologischen Ergebnisses: die bange Frage erhebt sich, ob sie ihrer verantwortungsvollen Stellung gewachsen sein wird? —

Noch komplizierter erscheint Annas religiöse Eigenart, die besonders eingehend betrachtet werden muß, da sie im Ganzen ihrer Persönlichkeit die zentrale Stellung einnimmt. Wir benutzen zu ihrer Analyse neben den Brautbriefen auch das Tagebuch aus der ersten Zeit ihrer Ehe, das für diese Fragestellung besonders ergiebig ist. Es bildet zu den Briefen das erwünschte Korrelat, wobei hier wiederum zu berücksichtigen bleibt — und das ist bei der bekannten selbstquälerischen Art Annas besonders notwendig —, daß die Möglichkeit einer Selbsttäuschung naheliegt. Wir versuchen also, die Äußerungen ihrer Religiosität zunächst einfach darzustellen, um sie sodann aus den gegebenen Verhältnissen herzuleiten.

Anna Schultheß ist nicht kirchlich orthodox. Sie fühlt sich nicht an Dogmen gebunden, aber sie ist von einer tiefinnerlichen Frömmigkeit erfüllt, die ihr ganzes Wesen durchdringt und ihr Handeln bestimmt. In unerschütterlichem Vorsehungsglauben[1]) bezieht sie ihre Kraft von oben und unternimmt nichts ohne den Beistand Gottes. Ihr Gott ist die transzendente erhabene Macht, die in allmächtiger Seinsfülle die Geschicke des einzelnen leitet; er ist als Einheit gefaßt, obwohl die Gottheit Christi selbstverständlich nicht angetastet wird; diese Unterscheidungen kommen jedoch nicht klar heraus und sind auch nicht konsequent zu Ende gedacht.

[1]) II, 315; III, 116; Kr. A. I, 58; 91.

Die Kluft zwischen Gottes Güte und der Sündhaftigkeit des Menschen ist unendlich groß; nur Gottes Gnade vermag sie zu überbrücken. Der Mensch lebt in einer Welt der Unvollkommenheit[1]), der Unbeständigkeit, in einem Jammertal, und daher muß alles Streben darauf gerichtet sein, ihr zu entfliehen. Die ausgesprochen weltflüchtige Tendenz Annas bekundet sich gesinnungsmäßig in der Höherwertung der passiven Lebenshaltung und praktisch in einer Hinneigung zur Untätigkeit. Hier liegt die Wurzel aller Verherrlichung des Leidens: es ist von dem Allmächtigen zu unserem Besten gesandt, eine notwendige Schule der Tugend[2]); Glück aber darf nie harmlos und freudig genossen, sondern muß mit Demut ertragen werden, um uns nicht zu sicher zu machen[3]). Darum soll auch die Ehe in erster Linie dazu bestimmt sein, „dunkle Tage" miteinander zu tragen: „O wie herrlich ist es, wenn gleichgesinnte Seelen sich miteinander freuen, aber noch herrlicher ist es, miteinander zu leiden und sich wieder zu trösten und mit den besonderen Gründen zu trösten, die eine tiefe Ehrerbietung gegen Gott und unsere allerheiligste Religion uns einflößt[4])." Ihr Vertrauen auf die himmlische Vorsehung geht sogar so weit, daß sie sich bemüht, Schicksalsschläge nicht in ihrer ganzen Schwere zu erfassen, weil dies beinahe zur Undankbarkeit gegen Gott führen könnte. Ängstliche Zukunftssorgen werden daher unter Selbstvorwürfen verscheucht[5]); alle Sehnsucht richtet sich auf „wahre Glückseligkeit"[6]), „Ruhe" und „Heiterkeit der Seele"[7]), das heißt Aufgabe des Eigenwillens, Heteronomie. Das höchste Glück ist ein seliger Tod, dessen Vorbereitung im Grunde das irdische Dasein dient; er hat nichts Schreckhaftes, denn er bildet die Pforte zu ewigem Leben[8]). Die befriedigendste religiöse „Verfassung" hat sie deshalb dann erreicht, wenn sie durch Hineinsteigerung in die Wonnen der Auferstehung und Unsterblichkeit den Gedanken an den Tod selbst der Liebsten mit „angenehmem Schmerz recht wohl" würde ertragen können.

Obwohl also Annas Frömmigkeit eine persönliche Beziehung zu Gott darstellt und äußerer, speziell kirchlicher Vermittlung nicht bedarf, bedient sie sich doch zur Steigerung ihres Glaubenslebens bestimmter religiöser Praktiken, zu denen in erster Linie das Gebet gehört. Sie beginnt und schließt ihre Tage unter feierlicher Anrufung Gottes[9]) und

---

[1]) II, 195. — [2]) III, 42; 90; 96. — [3]) III, 72.
[4]) II, 373. — [5]) Kr. A. I, 91. — [6]) II, 229 f.; III, 26.
[7]) II, 286; 300; III, 120. — [8]) II, 262. — [9]) II, 59; Kr. A. I, 50 f.; 60.

flicht auch persönliche Wünsche in das Gebet mit ein. Wenn sie es in erforderlicher Konzentration verrichtet hat, fühlt sie wohltuende Erleichterung und Gewißheit der Erhörung ihrer Bitten[1]). — Charakteristischer für die Art ihrer religiösen Betätigung ist die Technik der Selbstreflexion, die uns schon bei Erwähnung der „Fehler“ begegnet ist; „Betrachtungen“, „Nachdenken über sich selbst“, „geheime Übungen“ oder wie immer sie sie nennt[2]). In systematischer Behandlung der widerspenstigen Seele, mit der sie Stunden, ja Tage ausfüllt, zieht sie ihre Sünden aus den geheimsten Winkeln des Herzens hervor, um sie durch Bewußtmachung zu bekämpfen. Man kann nicht umhin, in dieser Technik der Psychoanalyse eine gewisse Wollust am Aufwühlen des Unbewußten zu erblicken, gleichsam eine intellektuelle Entschädigung für verdrängte Aktivität. In den ersten Monaten ihrer Ehe, in denen sie zum erstenmal frei über ihre Zeit verfügen darf, bringt sie ganze Tage mit Andachtsübungen zu, zum Teil am Klavier; zuweilen versuchen die jungen Gatten, sich gemeinsam zu „sammeln“[3]). Tage, die nicht dem Gebet und der Konzentration gewidmet werden, sind leer, nicht der Erwähnung wert, vergeblich gelebt, „zerstreut“[4]). „Wie bald bin ich widerum in Gefar, bey den heilligsten, besten Entschlüssen! Wann ich mit Eyffer vor meine Besserung bätte und vor diejenige meines teüren Gefehrten meines Lebens, so bin ich bei dem nidrigsten Anlaaß zur Zerstreüung schon widerum bereitet, mich demselben preiszugeben, bereitet, beym kleinsten Anlaaß mich meiner Lieblingssünde zaumlos zu ergeben[5]) ...“ Schon der Besuch einer Nachbarin wirft sie aus dem Zustand „guter Fassung“ heraus[6]); das heißt: unter der moralischen Glasglocke ist es leicht, ethisch einwandfrei zu leben oder vielmehr zu reflektieren, aber im verwirrenden Gewühl des Alltags erscheint plötzlich alles in anderer Beleuchtung. Zurückgezogenheit ist daher die einzig angemessene Haltung für den wahrhaft Frommen. „Sobald man von Creaturen entfernt — und solten es bisweilen die liebsten seyn — samlet sich das Gemüt zu stillen Betrachtungen und endlich zur einbrunstvollen Andacht[7]).“ Und so verlebt Anna in den ersten Zeiten ihrer Ehe die „heitersten“ Stunden, wenn ihr Gatte für einige Zeit nach Zürich verreist oder ganze Tage auf dem Felde zubringt[8])! — Daß diese Absperrung doch nicht völlig dem Ideale entspricht, wird ihr zu-

---

[1]) II, 358; Kr. A. I, 75. — [2]) II, 342; Kr. A. I, 41; 49; 59; 70; 80.
[3]) Kr. A. I, 47; 43. — [4]) Kr. A. I, 42; 58. — [5]) Kr. A. I, 77.
[6]) Kr. A. I, 56; 61. — [7]) Kr. A. I, 65; 51. — [8]) Kr. A. I, 47; 55.

weilen klar, aber sie verfängt sich zuletzt im Netz ihrer eigenen Reflexionen, wenn sie einerseits glaubt, über die vielen guten Menschen, die Gott ihr geschenkt hat, glücklich und dankbar sein zu müssen, andererseits aber ihre Gegenwart fürchtet, da sie sie von den wichtigeren Unterhaltungen mit Gott abhält[1]). Dieses Hin- und Hergeworfenwerden zwischen einem Einerseits und einem Andererseits ist typisch für ihre Denkweise überhaupt; nie gelangt sie zu einem klaren, einfachen Gefühl, weil der Dualismus bewußt auf die Spitze getrieben wird; und ihre letzte Frage, die allen einzelnen Beunruhigungen zugrunde liegt, ist die, wie es nur möglich sei, so sündhaft zu sein, da man doch wiederum zugleich die Kraft zu so seligem Aufschwung besitze[2])?

Es versteht sich von selbst, daß dem Hang zur Seelenbereitung auch die Tendenz innewohnt, die Herzen anderer zu bessern. Bei Anna herrscht ganz stark das Bemühen, Menschen, die ihr nahestehen, zu missionieren[3]); und sie versucht natürlich in erster Linie, Pestalozzi in ihrer Weise zu beeinflussen. Diese Verpflichtung für die Seele des Nächsten meint sie, wenn sie sich bemüht, „nützlich" zu leben; diese Sorge für seine wahre Glückseligkeit ist das „tätige Christentum"[4]), wie sie es versteht. Hat sie aber eine solche praxis pietatis vollbracht, so rechnet sie sie förmlich von ihren Sünden ab[5]); — eine regelrechte Buchführung!

Wenn nun versucht werden soll, Annas religiöse Anschauung auf ihre Wurzeln zurückzuführen, so ist vor allem festzuhalten, daß sie nicht aus einer bestimmten Quelle gespeist wird. Die verschiedenen Ursprungsgebiete lassen sich auch nicht immer scharf voneinander trennen und stimmen gerade in den Motiven, die Anna ihnen entnimmt, zum Teil überein. Um das Ergebnis gleich vorweg zu nehmen: es mischen sich in ihrer Religiosität zu verschiedenen Anteilen Züge altreformierter Herkunft, die sie als Zürcher Bürgerin mit auf den Weg bekommen hat, mit solchen pietistischer Färbung, die der Vater an sie herangetragen hat, und solchen aufklärerischer Art, die ihr durch den Kreis der Patrioten nahegebracht worden sind. Nicht immer sind es die charakteristischsten Züge einer Bewegung, die sie aufgreift — sie wären ja auch unvereinbar —, sondern gerade ihre Grenzerscheinungen werden zu einer wahrhaft innerlichen, persönlichen Frömmigkeit zusammengeschmolzen.

---

[1]) Kr. A. I, 78. — [2]) Kr. A. I, 45. — [3]) Kr. A. I, 46.
[4]) III, 116; Kr. A. I, 58; 84; 39. — [5]) Kr. A. I, 59.

Reformiert sind der Ernst und die Schwere ihrer Lebensauffassung, die zentrale Stellung der Religion im Gesamtaufbau ihrer Persönlichkeit, die Transzendenz Gottes und der schroffe Dualismus zwischen Geist und Fleisch. Dagegen fehlt ihrer religiösen Betrachtungsweise der charakteristischste Zug des reformierten Glaubens, seine Objektivität. Es sind demnach vorwiegend Züge ethischer Art wie Herabwertung der Welt, Sündenbewußtsein, Standhaftigkeit und Askese, die altreformierte Prägung verraten; Eigenschaften, die durch scharfe Willensanstrengung, freilich nach der negativen Seite hin, errungen werden.

Diese genannten Merkmale sind aber gleicherweise auch anderen Geisteshaltungen eigen, so daß es scheint, als wären das durch Gebetsübungen intensivierte Bibelchristentum sowie das ausgeprägte Sündengefühl und die Verdammung weltlicher Lust eher pietistische als reformierte Motive. Aber Anna Schultheß ist auch kein rein pietistischer Typus. Die Naivität des herrnhutischen Kreises, dem der Vater angehörte, und sein barocker Wundenkult liegen ihrem herben Wesen vollkommen fern. Ebensowenig gehört sie der Halleschen Richtung an; eine „Erweckung" in diesem Sinne hat sie nie erlebt. Wir finden nur die stark subjektive und individualistische Art der Frömmigkeit, die den Pietismus in Gegensatz zur Orthodoxie stellt, mit ihrem Gefolge von Selbstreflexionen, Kampf und Verzweiflung der sündigen Seele und ihrer Richtung auf weltflüchtige Empfindsamkeit, sowie den Niederschlag dieses Interesses am eigenen wie am fremden Ich in der Führung sentimentaler Tagebücher und seelenzergliedernder Briefe. Auch die Praxis der auf Seelen gerichteten Wohltätigkeit ist der pietistischen Missionstätigkeit verwandt. Anna Schultheß entnimmt eben auch dem Pietismus nur die von passiver Energie geladenen Eigentümlichkeiten; seine Verknüpfung mit Phantasie und Gefühl ist ihrer Natur selbstverständlich ganz fremd.

Den stärksten Einfluß auf die Gestaltung ihrer Persönlichkeit hatte Anna Schultheß durch Menalk von aufklärerischer Seite her empfangen. In religiöser Beziehung darf nicht eben so uneingeschränkt von dieser Wirkung gesprochen werden. Denn die von der Stoa übernommenen aufklärerischen Ideale der Standhaftigkeit und Willensanspannung sowie die Betonung der Askese stimmen mit den Forderungen des reformierten Glaubens überein; Subjektivität und Antiorthodoxie mit dem Pietismus. Gleich ihm stellt die Aufklärung den Menschen in den Mittelpunkt der Betrachtung und hält sich von der Kirche fern. — Spezifisch aufklärerisch bleiben dagegen das Streben nach Tugend und moralischer „Vollkommenheit“, das Ideal der „wahren Glückseligkeit“ und die Auffassung von dem sittlichen Zweck der Religion. Aber die starke Betonung eines Irrationalen in Annas religiöser Überzeugung geht doch über die reine Aufklärungsmoral hinaus. An der Transzendenz des Göttlichen hält sie unverrückbar fest, und diese von ihr selbst durchaus höhergewerteten Imponderabilien sind es, die sie über die „Nützlichkeitstheorie“ — wie übrigens auch über die persönliche Einflußsphäre Menalks — hinausheben.

Wir müssen also auf die eindeutige Festlegung von Annas Religiosität in eine der erwähnten Richtungen verzichten und dürfen sie nur als eine Verschmelzung dreier Geisteshaltungen ansprechen, nämlich als ein aufgeklärtes Moralchristentum auf der Grundlage reformierter Glaubensfestigkeit mit stark pietistischen Einschlägen. Diese Deutung erscheint auch insofern einleuchtend, als eben im letzten Drittel des 18. Jahrhunderts die Tendenzen vielfacher Bewegungen sich kreuzten, bekämpften und miteinander verschlangen. Darum ist die bei Anna auftauchende Mischung auch gar nicht einmal individuell; ihre theoretische Rechtfertigung liegt in Heß' „Prüfung der philosophischen und moralischen Predigten“ vor. Und erhebt sich zum Schluß die Frage, ob auch für Annas religiöse Überzeugung ein persönlicher Vermittler bestanden habe, wie sie ihn in Menalk für die moralische Bildung besessen hatte, so erkennen wir ihn in der Tat in dem jungen Lavater.

Die Lavater-Schwärmerei hatte gegen Ende der sechziger Jahre in Zürich einen unheimlichen Umfang angenommen. Die Macht seines Wortes übte einen gewaltigen Einfluß aus, und empfindsame Beichten nach der Art seines „Geheimen Tagebuches (von einem Beobachter seiner Selbst)“ erstanden in Fülle.

Auch Anna Schultheß besuchte Lavaters Predigten und las seine Schriften[1]), ja sie war sogar persönlich mit ihm befreundet. Es liegt auf der Hand, daß ihre „geheimen Übungen“ und die Art ihrer Tagebuchführung im ersten Jahr der Ehe hier ihr Vorbild haben. Ihre Gebetsthemen lehnen sich eng an seine „Morgen- und Abendgebeter auf alle Tage in

---

[1]) II, 98; Kr. A. I, 60; 71; 75; 95. — Lavaters „Tagebuch“ erschien zwar erst später, als Anna das ihre schrieb; sie ist also nicht in diesem äußerlichen Sinne von ihm abhängig; aber eine innere Beziehung liegt selbstverständlich vor.

der Woche" an; geradezu verblüffend aber erscheint die Übereinstimmung ihrer Reflexionen mit Lavaters kleiner Schrift „Nachdenken über mich selbst"[1]), die sie auch unter ihrer Erbauungslektüre verzeichnet[2]). Die Technik des „Beobachtens" wird hier in einer ganz bestimmten Stufenfolge systematisiert: Auf die willentliche Vornahme zur Selbstprüfung mit der Überlegung der Methode erfolgt (1.) das Aufschlagen des Evangeliums und das Lesen der mit dem Finger berührten Stelle der Heiligen Schrift. Das Wort Gottes gilt als unbedingte Forderung; es bedarf also seiner „ganzen Anwendung auf mein e i g e n Herz" (2.); denn es gilt nicht allgemein, sondern existentiell. Je unbarmherziger ich es aber mit meiner eigenen Seele vergleiche, desto weniger kann ich bestehen. Ich erkenne meine Unwürdigkeit, und mich ergreift tiefste Verzweiflung (3.). „I c h lebe, nicht Christus in mir!" Wie leicht verfalle ich in meine „Lieblingssünden" (!)[3]). Meine Natur ist verdorben, denn „wenn ich schon das Gute thun will, so hanget mir doch das Böse an"[4]). Im Zustand tiefster Zerknirschung und Verdammungswürdigkeit sehe ich durch eigene Kraft keinen Ausweg vor mir. „Was soll ich also tun?!" Wie ein Lichtstrahl in der Finsternis leuchtet mir da die Hoffnung auf Gottes Gnade (4.). Aber ich muß auch das meinige zu ihrer Erreichung tun. Nur durch fleißigen Gebrauch der Gnadenmittel (5.), im „Kampfe des immerwährenden Gebetes" (a) kann es gelingen, die Sünde zu überwinden. Äußerste Passivität und Zurückgezogenheit (b) sind die Vorbedingungen für den Einzug Gottes in meine Seele. Und vor allem soll mein Herz durch Überwindung aller weltlichen Lust (c) zur Empfängnis der himmlischen Gnade reif gemacht werden. Dann aber erfolgt (6.) die gänzliche Erhebung der Kreatur aus dem Staube der Verworfenheit in die himmlischen Gefilde der Seligkeit. — Die Ähnlichkeit dieser Beobachtungstechnik mit Annas Herzensprüfungen liegt klar auf der Hand; sie versichert selbst, „wie sehr uns „das Nachdenken an uns selbst" nüzt"[5]).

Freilich muß betont werden, daß nur der j u n g e Lavater für die Erkenntnis ihrer Religiosität maßgebend ist. Seine Wendung zur Unmittelbarkeit der Ergreifung Gottes, seinen Glauben an das Göttliche i m Menschen und sein spezifisches Christuserlebnis hat sie nicht mehr mitgemacht, ob-

---

[1]) Erschienen 1770, nach neun Monaten vergriffen. 1771 ff. in vielen Auflagen. (Benutzt die 12., Zürich 1845.)
[2]) Kr. A. I, 69. — [3]) a. a. O. S. 15. — [4]) Ebenda, S. 19. — [5]) Kr. A. I, 70.

wohl sie auch späterhin mit ihm in Verbindung blieb[1]), sondern sie bewahrte die eben charakterisierte Art ihrer Frömmigkeit ihr ganzes langes Leben hindurch fast unverändert.

Ein letztes einflußreiches Mittel zur Steigerung des religiösen Lebens war, soweit die Aufzeichnungen dies sicher erkennen lassen, Annas Lektüre. Die Bibel wurde regelmäßig gelesen[2]), denn sie galt als das verbreitetste Erbauungsbuch[3]). Dabei wurde das Neue dem Alten Testament vorgezogen. Als Gesangbuch dienten die Lobwasserschen Psalmen[4]). Weit bis in die Schweiz hinein bekannt und beliebt waren auch Gellerts „Geistliche Oden und Lieder“[5]). Etwas exklusiver wirkte Klopstocks „Messias“, der gleichfalls als Erbauungsbuch benutzt wurde; auch seine Oden sowie die seines Freundes und Nachahmers Cramer wurden hochgeschätzt[6]). Das berühmteste Erbauungsbuch auch noch des 18. Jahrhunderts war und blieb Johann Arnds „Wahres Christentum“[7]), das Anna insofern viel zu bieten hatte, als es seine Wirkung nicht auf Gefühl und Phantasie, sondern auf den sittlichen Willen erstreckt. — Aus diesen und ähnlichen Büchlein stellte sie sich eine „nützliche Lesebibliothek“[8]) zusammen und benutzte sie als ihre tägliche geistige Nahrung[9]). Sie hebt sich von der Lektüre der jungen Nanette durch ihre einseitig betonte Richtung aufs Ethisch-Religiöse ebenso wesentlich ab wie die gereifte Gestalt ihrer Benutzerin von dem unbeschwerten jungen Mädchen. Aus der „gebildeten“ Zürcher Jungfer Schultheß war durch Kämpfe und Überwindungen die gefestigte religiöse Persönlichkeit der Frau Pestalozzi hervorgegangen. —

Pestalozzis eigene religiöse Stellung unterschied sich in diesen Jahren noch nicht grundlegend von der seiner Braut, doch überwog bei ihm ganz stark das aufklärerische Moment. Er besaß einen gefühlvollen Vorsehungs- und Unsterblichkeitsglauben[10]), verbunden mit einer Verherrlichung des Leides[11]) als Mittel zur Vervollkommnung und einer ständigen Todesbereitschaft[12]). Seine Gebetsanstrengungen klin-

---

[1]) P.-B. XIX, 23 f. — [2]) Kr. A. I, 78.
[3]) Wernle I, 92.
[4]) Georg Finsler: Zürich in der zweiten Hälfte des 18. Jahrhunderts, a. a. O. S. 112 f.
[5]) Kr. A. I, 89; 391. — Wernle I, 609.; II, 257.
[6]) II, 261; 267. — Wernle I, 596.
[7]) Wernle I, 444. — Nur Johann Arnds „Paradiesgärtlein“ wird einmal erwähnt (Kehr XIII, 99), aber beide Werke sind häufig zusammengebunden.
[8]) III, 55. — [9]) Kr. A. I, 94.
[10]) II, 214; 250; 298; 327 f.; 360 ff.; 368 ff.; III, 72; 96 f.
[11]) II, 335; 340; 349 f. — [12]) II, 250; 362.

gen konventionell und unoriginell, wie eine Antwort auf Annas echte Überzeugung. Er fühlt selbst, daß er ihr in dieser Beziehung weit unterlegen ist, und bittet sie rührend oft, ihm beizustehen, seine Seele über das Irdische zu erheben[1]), auf daß auch er im Umgang mit ihr „jene große, ununterbrochene, heilige Heiterkeit eines Lavater“[2]) erlange, die ihr Teil war. Aber seine redlichen Bemühungen führten ihn schließlich nicht zu dem als so erstrebenswert hingestellten Ziel. Im Grunde überwogen bei ihm von Anfang an die moralischen Interessen; der Mensch und sein Glück stehen durchaus im Zentrum seiner Bemühungen[3]); er ist vorwiegend immanent gerichtet. Und es klingt wie ein erster Vorklang künftiger Wahrheiten, wenn er ausspricht, wahres Glück könne allein „in uns selbst gegründet von der inneren Ruhe unserer Seelen abhängen[4]) ...“

---

[1]) II, 294; III, 126; 302.
[2]) III, 117; II, 295.
[3]) II, 112; 176 f.; 181; 192; 209. — [4]) III, 51.

II. Frau Pestalozzi auf Neuhof

1.

Über dem Beginn der Pestalozzischen Ehe liegt der Schleier des Geheimnisses. Die ersten Blätter des im ersten Ehejahr gemeinsam geführten Tagebuches fehlen vielleicht nicht zufällig, so daß wir weder die Möglichkeit noch die Berechtigung besitzen, in die Verborgenheit einzudringen. Zwei geistig und sittlich einander ebenbürtige Menschen hatten die Ehe geschlossen mit dem festen Willen, sie als Instrument gemeinsamer Höherentwicklung in selbstverständlicher Hingabe und Verantwortlichkeit füreinander zu gestalten[1]). In einer Verbundenheit der Seelen, welche die der Sinne als Moment mit einschloß, glaubten die Liebenden unerschütterlich an den Ewigkeitswert ihrer Liebe und die Unwandelbarkeit ihrer Treue, nicht nur auf den Höhen bräutlicher Leidenschaft, sondern auch in den kleinen Dingen des Alltagslebens, die die Ehe bringt. Das Eigendasein der Persönlichkeit für immer aufzugeben — um doch zuletzt ihre unaufhebbare Einsamkeit um so viel tragischer zu spüren — und dafür die Verantwortlichkeit für die Seele des Gatten mitzuübernehmen auch in allen ihren nicht gemäßen und nicht gebilligten Äußerungen; die Folgen des Ehelebens gemeinsam zu tragen, auch wenn sie über Willen und Kraft des einzelnen hinauszuwachsen schienen, das war ein für die Dauer des Lebens gefaßter Entschluß von Kraft und Größe, dessen Gewicht nur deshalb nicht belastete, weil er echter Liebe immanent ist. Das Glück, einem Menschen auf Erden alles sein zu können und alles auf ihn zu vermögen[2]), überwog daher zunächst die rasch auftauchenden Schwierigkeiten einer Gemeinschaft, die schneller als manche andere die Feuerprobe ihrer Echtheit zu erweisen hatte. Den tiefsten Sinn ihrer Verbindung erblickten Pestalozzi und Anna von vornherein in der über ihren persönlichen Daseinskreis hinausgreifenden Bestimmung zur Auferziehung ihrer Kinder, deren

---

[1]) II, 265; 310. — [2]) II, 218; 246.

sie ohne Zweifel eine ganze Schar blühender Knaben und Mädchen schon im Geiste vor Augen sahen[1]); die gute Hoffnung, diesen vornehmsten Wunsch dem nahen Tage seiner Erfüllung heranreifen zu wissen, durchzieht wie ein reiner Quell den bald erschütterten Grund ihres jungen Ehestandes.

Es fiel ihnen nicht ganz leicht, das Ideal einer Geschlechtergemeinschaft auf die Wirklichkeit ihrer Ehe zu übertragen, denn weder Anna noch Pestalozzi waren Menschen, mit denen sich ganz einfach leben ließ. Besonders Anna, die gewähnt hatte, aus der Hölle des Elternhauses in den „Vorhimmel" des Ehestandes versetzt zu werden, und die als Frau in weit stärkerem Maße an das Haus und die Person gebunden war, empfand bald unter Schmerzen, daß der geliebte Mann im täglichen Zusammenleben Eigenschaften entwickelte, an die sie sich nicht ohne inneres Widerstreben zu gewöhnen vermochte. Die Zürcher Patrizierin, die aus Verehrung für die Rousseauischen Theorien und aus Liebe zu ihrem Gatten mit einer ärmlichen Landhütte vorlieb genommen hatte, geriet „übel in die Laune", wenn der Geliebte spät in der Nacht „an Kleidern und anderm vil verderbt", „entsezlich naaß .... und hungerig" heimkehrte, unruhig in der Stube herumstürmte und die über Tags mühsam errungene „Fassung" seiner frommen Frau jählings über den Haufen warf[2]). Dann wird sie zwischen berechtigtem Unmut und reuigem Versöhnungswillen verzweifelt hin- und hergerissen und hat genug zu tun, ihrem „Lieblingsfehler" nicht nachzugeben. Gelingt es aber nicht, die „Hauptleidenschaft" zu beherrschen, dann kommt es zu heftigen Zusammenstößen[3]). Nicht nur wegen der Vernachlässigung in der Kleidung — obwohl sie ein Leben lang zwischen den beiden eine Rolle gespielt hat —; sondern wegen der Schwierigkeit eines Zusammenlebens überhaupt zweier Menschen von so verschiedener und ausgeprägter Charakteranlage bei so leidenschaftlichem Temperament. Pestalozzi seinerseits war viel zu beglückt über seine junge Ehe, um die Dinge schwer zu nehmen. Aber Anna ist schnell geneigt, den Splitter im Auge des Nächsten zu bemerken, und reflektiert dann tagelang über die Unvollkommenheit der Welt im allgemeinen und ihre eigene Sündhaftigkeit im besonderen.

Mit geschärftem Blick beginnt sie nämlich widerstrebend zu erkennen, was bisher die Leute stets geredet und nur sie allein nicht wahrhaben wollte, daß Pestalozzi keine stetige

[1]) II, 125; Kr. A. I, 39. — [2]) Kr. A. I, 50; 52; 92; 97.
[3]) Kr. A. I, 42; 50; 57; 73; 83.

Arbeitskraft besäße[1]). Die Feldbestellung im Winter füllt seinen Tag nicht aus; er fühlt sich mut- und beschäftigungslos, nichts reizt ihn, kein Ehrgeiz treibt ihn, sich fortzubilden, weder für sich noch für den Staat. Sein „leeres Beyhauseseyn" kränkt die Frau[2]), und trotzdem vermag sie nichts daran zu ändern auch aus innerem Widerstreben heraus. Denn einerseits — hier wird wieder die dualistische Denkweise recht deutlich — ist sie wohl empört über die wirtschaftliche Untüchtigkeit des Gatten, aber andererseits findet sie, er sei immer noch viel zu sehr mit irdischen Dingen beschäftigt und versäume darüber das Eine, das nottut. Hier liegt der tiefste Grund aller Mißverständnisse: Anna erkennt mit Schmerzen, und auch Pestalozzi empfindet es als einen Mangel, daß er im religiösen Erleben noch nicht das erforderliche Maß von Intensität erreicht habe; sie ist tief bekümmert, daß er „einzig seine Seele von seinen Beruffsgeschäften einnehmen läßt ... und die Hindernisse seines Körpers" ihn von der „Narung der Seele" abhalten[3]). Ihr heißester Wunsch und ihr tägliches Gebet ist, „daß er nach und nach an alles Gute mit Eyffer denke" und „Aufmerksamkeit auf sich selbst"[4]) übe. Und um den Verlust auszugleichen, fühlt sie sich um so stärker verpflichtet, auch für das Heil s e i n e r Seele mitzubeten[5]).

Es darf daher nicht mehr Wunder nehmen, daß ihr Interesse für die landwirtschaftlichen Projekte im Verhältnis zu dem der Brautzeit hinter dem „Wichtigsten" nun ganz auffällig zurückzutreten beginnt und sie nicht mehr den Unternehmungen direkt, sondern ihnen nur noch als Anliegen ihres Mannes geneigt ist. Mit ihrer Hingabe an ihn — die sie willent- und wissentlich als eine Unterordnung unter die männliche Herrschaft auffaßt — scheint sie ihr Eigendenken in d i e s e n Angelegenheiten des Lebens aufgegeben und alles Handeln — und somit auch die Verantwortung dafür — allein dem Manne überlassen zu haben. Gewissermaßen in Arbeitsteilung übernimmt sie dafür die Sorge für das ewige Wohl ihrer Seelen. Und als das Schicksal ihnen Schlag auf Schlag und Last auf Last auf die Schultern lädt, bewährt sich in der Tat die Kraft ihrer Religiosität im gemeinsamen Tragen und Leiden. Die Mißgeschicke des äußeren Lebens vermögen es nicht mehr, den innersten Kern ihres Wesens anzugreifen; mit Hilfe ihrer Gebetsübungen sucht und findet sie Trost in der Religion. —

---

[1]) Kr. A. I, 48. — [2]) Kr. A. I, 76 f.
[3]) Kr. A. I, 39; 49; 79 f; 89. — [4]) Kr. A. I, 93; 64.
[5]) Kr. A. I, 52; 56; 58; 92.

So erstaunlich es auch auffällt, daß nach den unsäglichen Schwierigkeiten der Brautzeit das Glück der endlichen Vereinigung nicht ein einziges Mal im Tagebuch erwähnt ist, so darf man doch die angedeuteten Zwistigkeiten nicht wichtiger nehmen als sie sind. Es liegt schon in der Art eines pietistischen Tagebuches, die Regungen des Herzens zu übertreiben und Geringfügigkeiten aufzubauschen. Anna versichert doch ebensooft — wenn auch freilich verhältnismäßig lau —, daß sie gern bei dem Manne sei der Redlichkeit und Tugend seines Herzens wegen, und sie ist trotz aller Klagen überzeugt, daß er im Grunde „mehr wesentlich Gutes in seinem Inersten hat, als er selbst mir, seiner Vertrauten, an den Tag gibt“[1]). Aber die Passivität ihrer Haltung, das Ideal der Auslöschung ihres Selbst bleibt bestehen und erhellt die Verschiedenheit ihrer geistigen Haltung von der Pestalozzis.

Inzwischen hatten die Eltern in Zürich die Kinder kurz nach der Heirat um die Weihnachtszeit in den „Pflug“ geladen, um einen offenen Bruch zu vermeiden[2]). Ein unerwarteter Besuch der Mutter in Müligen im Frühling darauf, der offenbar einer Inspektion der Verhältnisse dienen sollte, versetzte Anna in höchste Freude, wenn sie die glückliche Wendung der Dinge mit den vorangegangenen Umständen verglich[3]). Wie ändert sich aber die Situation, als durch Zurückziehung des „Gewundenen Schwerts“ auf einmal die Existenz des jungen Paares gefährdet und die schlimmsten Prophezeiungen der Mutter einzutreten scheinen! Noch ist kein Jahr seit der Verehelichung verflossen, und schon ist das landwirtschaftliche Unternehmen ruiniert, die Hoffnung auf eine gedeihliche Zukunft zerstört!

Besonders bedrückend war unter diesen Umständen die bevorstehende Ankunft des Kindes, das mit so großen Erwartungen empfangen worden und jetzt einer so trostlosen Zukunft entgegenreifte. Wenn Pestalozzi seine Frau in ihrer Hoffnung anblickte, empfand er die Vernichtung aller Aussichten am erschütterndsten, und bei der Geburt des Sohnes bricht die lange gestaute Verzweiflung, gesteigert durch die Erregung über das Leiden seiner Frau, in überströmender Selbstanklage leidenschaftlich aus ihm heraus[4]). Stärker als bei der Verheiratung erlebt er in diesem Augenblick die ganze Wucht seiner Verantwortung als Gatte und Vater, und niedergeschmettert durch das Bewußtsein seiner Minderwertigkeit

[1]) Kr. A. I, 42; 49; 63; 77. — [2]) Kr. A. I, 35 ff.
[3]) Kr. A. I, 62. — [4]) Kr. A. I, 81 ff.

muß er vernichtet bekennen, daß er weder fähig noch würdig sei, Erzieher eines jungen Menschen zu werden. „O Entsezen! mein Sohn, mein Sohn! Durch mich vernachlessigt, deiner Bestimmung ungetreü, würdest du einst ein Ankläger dessen, der dich sichere Wege führen sollte, vor meinem Richter gegen mich syn. Mir wäre besser, daß ich dein Angesicht nie gesehen hete... Gott bewahre mich, daß ich kein Laster in deine Seele pflanze, du geliebtes Kind!" Denn ihm fehle der rechte Glaube, das störe das Glück seines ehelichen Lebens und zermürbe seine eigene innere Widerstandskraft. Um so höher verehrt er Anna, die mit ruhiger Zuversicht ihre schwere Stunde erträgt.

Sie hat sich würdig und gefaßt auf Tod und Leben vorbereitet und ihrem Geliebten als letztes Vermächtnis einen Hinweis auf die Ewigkeit hinterlassen. „Du hast ein redliches Herz, ach! redlicher als das meine ware — du weißest wie manchen Kampf ich in ruhigen Augenbliken, da ich mit dir gelebt, deswegen hate — dises Herz übergibe Gott gantz und gar und seinem Sohn, unserem Erlöser. Werde von der Gewißheit der Evangelischen Verheißungen überzeuget. Du bist nicht vor dise Welt geschaffen, mein Teurer. Lasse sie — wann du ferner noch beunruhiget werden soltest oder alzustark darin verwiklet — und sorge, sorge vor deinen unsterblichen Geist!... Danke Gott, daß er uns gewürdiget, ihme aus unsern Lenden eine Kreatur, eine unsterbliche Seele entspringen zu lassen. Würdest du dich zu schwach glauben, ihme die nötige Vorteile der Erziehung zu erteilen, so nime es in deine Arme und befele es dem Allmächtigen. Bätte vor dich und ihns, und du wirst die Kräfte darzu erhalten. Ich beschwörc dich im Namen Gottes, daß dise zwey Stüke deine Haubtgeschäfte ausmachen[1])." Auch den Eltern übersendet sie mit dem Ausdruck kindlicher Dankbarkeit „ein aufrichtiges herzliches Bekentnis meiner Vergehungen und der Felern meiner Jugend"[2]); aber die Entbindung — bei der ihr die Schwiegermutter beistand[3])! — geht glücklich vorüber; sie darf leben. Als ihre Mutter sie schließlich besucht, erkennt sie, die nun selbst Mutter ist, zum erstenmal wahrhaft, was sie ihr schuldig; noch nie genossen sie sich so ganz wie bei diesem Wiedersehen. Sie weinten Freudentränen miteinander[4]).

Nachdem eine plötzliche Gefahr vorübergegangen, das Kind wieder zu verlieren[5]) — auch Marie Babeli hatte ihr ein-

---

[1]) Ms. Pestal. 54 a, 281.
[2]) Ms. Pestal. 550, 3. — Auszugsweise bei Morf I, 118.
[3]) Kr. A. I, 80; 83. — [4]) Kr. A. I, 83. — [5]) Kr. A. I, 83 ff.

ziges Kind hergeben müssen[1])! —, und die peinigende Furcht überwunden war, wegen der „Dunkelheit" ihres Gemüts und der Abgleitung in den „Lieblingsfehler" an der Verschlechterung ihrer Milch und somit an der Erkrankung des Kindes schuld zu sein, bemüht sie sich in Dankbarkeit für dieses köstlichste, ihrer Obhut anvertraute Geschenk des Himmels, ihr Kind gänzlich dem Dienste Gottes zu weihen.

Jean Jacques[2]), wie man den Kleinen vielsagend nannte, wurde getreu den Rousseauischen Theorien erzogen, oder besser: nicht erzogen. Die Pflege, die man ihm angedeihen ließ, war infolge der unsicheren äußeren Lebensverhältnisse, des vielfachen Wechsels der Unternehmungen sowie Pestalozzis unvollkommener Auffassung einer „naturgemäßen" Erziehung ungenügend und schwankend. Als das Kind in das Alter kam, wo es sich mit den Dingen der Außenwelt auseinanderzusetzen begann, beschäftigte sich der Vater viel mit ihm und benutzte es als Versuchsobjekt für seine Erziehungsideen. In körperlicher Beziehung sorgte er für strengste Abhärtung, besonders im Winter, ließ es barfuß einhergehen[3]) und hielt es fern von allen Einflüssen verderbter städtischer Kultur. Bei der Ausbildung des Geistes gewann er die Einsicht, „keine Worte ohne Begriffe" an ein Kind heranzubringen; er ließ es daher mehr schauen als urteilen, vollendete erst das eine gründlich, ehe er das nächste in Angriff nahm, und vertraute im übrigen der Natur als vollkommenster Lehrmeisterin. Er war stolz darauf, daß sein Bub noch mit zwölf Jahren — wie Emil — weder das Lesen noch das Schreiben beherrschte[4]), aber er hat übersehen, daß weit eher ein Mangel an geistigen Gaben bei dem Knaben als die Rousseauische Erziehungsmethode zu diesem im Verfolg negativen Resultat führte.

Frau Pestalozzi kehrte angesichts dieses lebendigen Versagens von ihren früheren theoretischen Idealen „über die Auferziehung" mehr und mehr zu der überlieferten Auffassung einer gutbürgerlichen Erziehungsweise zurück, wie sie überhaupt mit den Jahren stärker in die altzürcherische Denkart verfiel und die Ideale der Jugendzeit nach und nach zu vergessen begann. Darum kam es des öfteren zu Meinungsverschiedenheiten über Jacquelis Erziehung zwischen ihr und Pestalozzi[5]). Er beharrte auf seinem Satz: „die Natur tut

[1]) Kr. A. I, 389. — [2]) 13. VIII. 1770—15. VIII. 1801.
[3]) Kr. A. I, 120; 168. — [4]) Kr. A. VIII, 244 f.
[5]) „O wie ruhrte mich das Ellend des Sohn, wie ruhrte es mich im Streit um meinetwillen mit Vatter, Mutter und Kind..." (Ms. Pestal. 300 I, 4, Bl. 16v: „An die Einzige".)

alles"[1]), so daß sie gezwungen war, den Sohn heimlich, ohne des Vaters Wissen und Willen, die Anfänge des Lesens und Schreibens[2]) und vor allem religiösen Sinn zu lehren, den Pestalozzi vernachlässigt hatte[3]). Das Lernen ging aber nur sehr schwer und langsam voran, und besonders als man die Armenkinder im Hause hatte, verlor auch die Mutter vollends Zeit und Energie, sich regelmäßig mit dem Knaben zu befassen. Diese Jahre, die Scharen von Kindern den Grund zu einem würdigen, wenn auch bescheidenen Leben, und der Menschheit die Grundlagen der Pestalozzischen Pädagogik gaben, erlangten ihre Früchte nur auf Kosten der gesunden Entwicklung des eigenen Sohnes. Denn in dem Getriebe der Armenanstalt fehlte ihm neben jeder planmäßigen Unterweisung vor allem die mütterliche Wohnstube, die seiner Entwicklung festen Grund und „innere Ruhe" hätte geben müssen. Zwischen den idealistischen Theorien des Vaters und den bürgerlichen Grundsätzen der Mutter hin- und hergeworfen, lief er unter den verwahrlosten Kindern umher, deren Tonart er sich schnell angewöhnte, und tat am Ende überhaupt nur noch, was er wollte. Die väterliche Erziehungsmaxime hatte gesiegt, aber es war nicht Kraft, sondern Schwäche, die ihm die Freiheit ließ.

Das Ergebnis hätte in moralischer Beziehung schlimmer ausfallen können. Aber glücklicherweise war Jakob, von gelegentlichen Anfällen störrischer Widersetzlichkeit abgesehen, von Natur ein herzlich gutmütiger, lenksamer, offener, lange kindlicher Knabe, zutraulich und guten Willens; aber zugleich schwach und haltlos, leicht verletzbar, ohne Ausdauer und eigene Initiative, abhängig und beeinflußbar[4]). Sein feines Gefühl für Sittenreinheit[5]) und herzliche Anhänglichkeit an die Eltern[6]) beglücken den Vater und täuschen ihn lange über die mangelnde Tragfähigkeit seiner Lebensgrundlage hinweg.

---

[1]) Kehr X, 117 f.

[2]) Zur Streitfrage, wann Jakob Pestalozzi schreiben lernte: Das Gedicht des sechsjährigen Jacqueli an seine Tante Bäbe Groß-Pestalozzi in Leipzig (P.-St. I, 75) ist zwar in Frau Pestalozzis, sein Brief vom 15. IV. 1777 (P.-B. II, 14) jedoch in ungelenker Kinderhandschrift geschrieben. Pestalozzis Behauptung, daß der Zwölfjährige noch nicht schreiben könne, ist also nicht wörtlich zu nehmen; aber Jakobs Kenntnisse blieben trotzdem auch späterhin höchst mangelhaft.

[3]) P.-B. II, 91.

[4]) Vgl. das Kinderbild in: P. i. B., Taf. 21.

[5]) Kr. A. II, 102. — P.-B. II, 13 f.: „Jaqi ... ist imer empfindungsvoll — nebst seinen Felern." (Anna an Bäbe Groß.)

[6]) Kr. A. VIII, 252; 255.

Gute Freunde Pestalozzis aus Basel erkannten bald, daß mit dem Jungen etwas Durchgreifendes geschehen müsse, wenn er im Leben einmal seinen Mann stehen sollte, und boten sich an, für ihn zu sorgen und ihn zu einem bestimmten Beruf auszubilden. Es war Pestalozzi schmerzlich genug, auf diese Weise nahegelegt zu bekommen, daß seine pädagogischen Fähigkeiten für die Erziehung des einzigen Sohnes nicht ausreichten, und nur schweren Herzens fand er sich bereit, ihn aus dem Hause zu geben. Und Frau Anna war durch die Schicksalsschläge und Enttäuschungen viel zu zermürbt und verbraucht, um sich jetzt noch ernstlich die Fähigkeiten zuzutrauen, dem Sohn das ihm Notwendige selbst bieten zu können.

Der Kaufherr Felix Battier nahm den Dreizehnjährigen zunächst mit zu sich nach Basel und ließ ihn mit seinen Kindern von dem Hauslehrer Petersen unterrichten[1]); aber bald[2]) übergab er ihn, da ihm die elementarsten Kenntnisse fehlten, einer Mühlhausener Handelsschule, der „Académie préparatoire de commerce“ von Nicolas Thierry und Jean Koechlin[3]), wo er für den künftigen Kaufmannsstand vorbereitet werden sollte. Die Zucht des Instituts muß scharf und streng gewesen sein, so daß die Knaben ihre unterdrückten Bedürfnisse in abwegigen Heimlichkeiten befriedigten und auch den unschuldigen Jacqueli mit hineinzogen. Einen guten Freund fand der kleine Pestalozzi an Johannes Heilmann[4]), von dessen Vater er auch zuweilen ins Haus geladen wurde. — Das Lernen aber bereitet ihm außerordentliche Mühe; am schwersten fällt ihm das Auswendiglernen. Wenn man ihn tadelt, verliert er die Lust und wird mißmutig und resigniert; doch nur die geringste Anerkennung beflügelt seine guten Vorsätze, und mit rührendem Eifer bestrebt er sich, dem Lehrer „nie mehr“ Verdruß zu bereiten.

---

[1]) P.-B. VI, 103. — [2]) Oktober 1783 (Ms. Pestal. 54 a, 286).

[3]) Ms. Pestal. 54 a, 286 und 550, 4: 37 + 8 Briefe Jakobs an seine Eltern aus Mühlhausen und Basel. 1783/86. — Die Anstalt wurde 1781 gegründet und ging nach wenigen Jahren in die „Ecole supérieure de commerce“, eine höhere Handelsschule, über, die im noch bestehenden Gebäude des Gymnasiums in der Langgasse untergebracht war. (Nach freundlichen Mitteilungen von Herrn Professor Ehretsmann, Mühlhausen.) — Die Auffassung, als sei Jacques bei Pfeffel in Kolmar gewesen, die hin und wieder auftaucht, ist schon von Seyffarth (P.-St. V, 110) widerlegt. Die Söhne des Schloßnachbarn Effinger von Wildegg waren seit 1782 dort, aber „mann lehrnt in Collmar gar nicht“, urteilt Pestalozzi (Kr. A. IX, 304).

[4]) 1771—1834. Seine Verbindung mit dem Pestalozzischen Hause überdauerte diese Kinderfreundschaft und zog weitere Kreise. Sein Sohn Josua Heilmann (1796—1848), „einer der größten Förderer der elsässischen Baumwollindustrie“, wurde 1810 einer der vielen Mühlhausener Pestalozzischüler in Iferten (P.-anum XXIV, 18).

Nach fünfvierteljährigem Aufenthalt in Mühlhausen wurde er zu seiner Freude von dem Vater nach Basel abgeholt[1]) und dem „lieben Herrn Battier", wie verabredet, in die Lehre gegeben. Nach dem Zwang des Institutslebens darf er endlich im Kreise einer Familie wieder frei atmen, denn Herr und Frau Battier sind so gut zu ihm wie eigene Eltern. Ja, er ist so eingenommen von der wohlgeordneten Häuslichkeit des reichen Kaufmanns, daß er überzeugt ist, es nirgends besser finden zu können, am wenigsten, schreibt er in naiver Offenherzigkeit, zu Haus. „Das schäze ich für das größte, das mein Guthäter überaus schaut, ein glücklicher Mensch aus mir zu machen. Ich habe nicht geschrieben, das ich bey dir fölig unglüklich geworden wäre, ich habe nur geschrieben, daß ich es vielleicht habe werden könen. Diese Antwort ist mir sehr leicht zu sagen: ich wäre, kann seyn, noch mehr weder [= als] ein Jahr bey dir geblieben, das häte mir zu meinem größten Schaden könen seyn, oder hätte durch meine Wildheit, die ich gehabt habe, ein Mahl in Unvorsichtigkeit meines Herumstreunen todtfallen oder sonst was begegnen können." Das sind in aller Gutmütigkeit — denn es sollte den Eltern Freude bereiten, zu hören, wie wohl er sich in Basel fühlte — Jakobs Begriffe von den pädagogischen Fähigkeiten seines Vaters! Pestalozzi meint darauf ganz wehmütig, er sei nun vollends ein Stadtbub geworden, und die Hauptsache sei doch wohl gewesen, daß er zu Hause die Glieder seines Herzens nicht verrenkt hätte!

Jacquelis Bemühungen, etwas Tüchtiges zu lernen, um den Eltern Freude zu bereiten, sind rührend. Die Briefe sind voll von guten Vorsätzen, und über Fehlgriffe, die trotzdem immer wieder vorkommen, und kindliches Heimweh, das ihn zuweilen beschleicht, berichtet er mit der harmlosesten Treuherzigkeit. An den Begegnissen auf dem Neuhof nimmt er innigen Anteil und vergißt nie, sich nach der schwankenden Gesundheit der Mutter zu erkundigen. Und sogar für die schriftstellerische Tätigkeit des Vaters interessiert er sich und bittet mehrmals um die Zusendung von Lienhard und Gertrud, Christoph und Else und dem Schweizerblatt, von denen er durch Battier erfahren hat.

Seine Beschäftigung in Basel bestand zunächst darin, daß er Briefe ab„schreibte" und Wechsel „kobierte"; so teilt er in einem jammervoll zusammengestoppelten „Schurnal" den Eltern mit. Man sieht es schon dieser Niederschrift an, daß

[1]) Januar 1785.

er nicht viel voranbrachte; „Arbeitsamkeit und Achtsamkeit fehlt Jacques", klagt seine Pflegemutter, „ein Bedienter sagte, er thue nur herumziehen, er seye nicht mit ihm zufrieden"[1]) ...

Die Mutter vermochte indessen nichts anderes für sein Wohl zu tun, als warme Sachen zu senden und sein Leben mit ihren Gedanken und Gebeten zu begleiten. Die unerfreulichen Nachrichten über sein Fortkommen und die krausen Schriftzeichen Jakobs bekümmern sie; schärfer als der Vater überhäuft sie den Sohn mit Ermahnungen und guten Lehren, aus denen die Hoffnungslosigkeit spricht. Sie „wollte gern die Briefe kämmen"[2]), den matten Buben nehmen und schütteln, um endlich etwas Positives aus ihm herauszuholen. Seine Zukunft bereitet ihr die größte Sorge, sie sieht nicht ab, was jemals aus ihm werden soll. Seine Entwicklung ist eine schwere Enttäuschung für die anspruchsvolle Frau. Das ist nun ihr Kind, ihr einziger Sohn, den sie mit so weitausschauenden Hoffnungen geboren hatte: ein schwacher, nichtsversprechender Mensch! Je weniger sie sich dieser niederschmetternden Erkenntnis verschließen kann, desto unglücklicher und bedrückter wird sie; je erfolgloser seine Bemühungen, desto herber und schroffer zeigt sie sich ihm gegenüber. Ihre Fürsorge schlägt in Bevormundung um, ihre Erwartungen in Forderungen. Die kindliche Psyche hatte sie nie recht verstanden[3]), das Erlebnis der Mutterschaft nie eigentlich in warme Mütterlichkeit gewandelt. Eine eigentümliche Scheu hielt sie stets zurück, innigere Gefühle selbst vor dem eigenen Kinde zu entblößen, und je weicher es sich zeigte, desto härter wurde sie. — Nun ist es offenbar, daß aus dem Knaben nichts werden würde; — und Gedanken kommen und gehen, wer Schuld an dieser Entwicklung habe, und wo die letzte Ursache dieser Schwäche zu suchen sei —.

Da ihr nichts erspart bleibt, fährt auch diese Erkenntnis schneidend grell in ihre Seele, als eines Tages die Nachricht aus Basel eintrifft, es seien bei dem Sohn, der sich nun in den Entwicklungsjahren befindet, infolge eines heftigen Schreckens epileptische Krämpfe ausgebrochen[4]). Sie muß übermenschliche Tapferkeit und die ganze Kraft ihrer schwererprobten

[1]) E. Bl. 107. — [2]) P.-B. VI, 8. — [3]) II, 374.

[4]) Der Zeitpunkt des ersten Auftretens der Krankheit steht nicht fest; die obige Annahme, die sich an mündliche Überlieferungen anschließt (P.-B. XIV, 17), erscheint am wahrscheinlichsten, da sie den Ausbruch mit der Pubertätsentwicklung in Verbindung bringen läßt. Man käme somit auf das Jahr 1786. Von einem früheren Vorhandensein ist nirgends die Rede; der Knabe gilt stets als gesund. Noch ein Besuch Pestalozzis bei dem Sohn in Basel im Oktober 1785 geht „sehr lustig" vor sich und zeigt keinerlei Andeutungen (Ms. Pestal. 550, 4).

Glaubensfestigkeit aufbieten, um nicht zusammenzubrechen, als der unglückliche Vater den an Leib und Seele gebrochenen jungen Menschen in ihre Arme zurückführt. Auch in diesem grauenhaften Wiedersehen die göttliche Vorsehung zu erblicken —, das war schwer. —

Sie zermarterte ihr Hirn, um dem unheimlich lauernden Feind zu begegnen; den zu fassen, der ihrem armen Kinde dies angetan hatte. Die Leute in der Nachbarschaft munkelten, die allzu rauhe Behandlung in der frühen Kindheit hätte den ersten Keim zu dem „fallenden Weh" in den Knaben gelegt[1]), und blickten Pestalozzi feindselig an; dieser selbst machte sich die bittersten Vorwürfe, den Sohn in leichtfertigem Glauben fremden Menschen anvertraut zu haben, die ihn verdorben hätten[2]); ja ganz dunkel klingt es heraus, als ob er den Freund Battier selbst anklagte, den Knaben nicht behütet zu haben[3]). Und Anna wird die Angst nicht los, durch die „Dunkelheit ihres Gemüts" die Milch vergiftet zu haben, mit der sie das Kind einst nährte; auch kann sie sich des Gedankens nicht erwehren, der sie schon als Braut gequält hatte[4]), die leidenschaftliche Erregbarkeit des Vaters hätte ungünstig auf die Konstitution des Sohnes eingewirkt. Sie erzittert vor der Sündhaftigkeit ihrer Vermutung; aber diese Strafe ist auch gar zu hart —.

---

[1]) P.-B. III, 90.

[2]) „... ach Gott! Er ist das Opfer meines blinden Glaubens an die Menschen..." (P.-anum XXI, 2). — P.-St. I, 18. Henning über Pestalozzi: „... der Teufel, unter der Maske der Freundschaft, tat seinem einzigen, vielgeliebten Kinde weh und warf den Keim eines frühen Todes in ihn..." — Frölichs Autobiographie (Kehr X, 118) berichtet, daß Jacques „sehr wahrscheinlich vom Kommis des Hauses [Battier] zu verderblichen Lastern verführt wurde, die seinen frühen Tod mögen herbeigeführt haben". — Aus Jakobs Briefen scheint hervorzugehen, daß er schon im Institut Mühlhausen zu Knabenlastern verführt worden ist, was dort auf seine Stimmung drückte.

[3]) „Wie ruhrte es [mich], da er verwilderte
in eines fremden Mans Hand
⟨dem ich ihn gab⟩, *da ich* in der Schwache
meiner Seele ⟨auf einen falschen⟩
⟨ihn⟩ *einem* kindischen Irrthum
uber das Scheingluk
ihn hingab in eines fremden Manes Hand!
Wie ergriff ⟨todendes E⟩ *mich* der Schauer
des tiefsten Entsezzens, als er enstellt,
zerrissen, sich selbst nicht mehr und
verheert, dem Tod entgegengehend
zurukkam aus des Mans Handen,
der sich selber betrog und mich ungluklich
machte *selber in seiner Lieb*
durch das hohe Unrecht der Gewalttath seiner Härte..."
(Ms. Pestal. 300 I, 4, Bl. 16v.) — Battier verübte später Selbstmord (Kehr X, 118).

[4]) II, 101 f.; 283; III, 14; 33; 55.

Sie kommt mit ihren Befürchtungen dem wahren Sachverhalt am nächsten. — Daß Epilepsie durch übertriebene Abhärtung herbeigeführt werden, ja überhaupt erworben werden kann, ist ausgeschlossen. Desgleichen können sexuelle Jugendsünden Körper und Gemüt zwar schwächen und für einen Ausbruch der Krankheit disponieren, sie aber nicht erzeugen. Sondern Epilepsie ist eine organische Schwäche des Gehirns, die auf Vererbung beruht. — Nun steigerte sich Pestalozzis leidenschaftliche Erregbarkeit in der Tat zuweilen zu Zuständen eigentlicher Raserei, die seine besten Freunde im Ernst befürchten ließen, er werde noch einmal im Tollhaus enden[1]). Es liegt auf der Hand, daß dieselbe Anlage, die beim Vater genial war, bei dem Sohn ins Pathologische herabsank.

Beide Eltern quälen sich mit Selbstvorwürfen und wagen doch nicht, einander in die Augen zu blicken, auf daß keine Anklage darin zu lesen wäre. — Am Ende vermag der Mann das Siechtum seines Kindes nicht mehr mitanzusehen und verläßt das Haus und irrt in der Fremde umher, verzweifelt über seine Unfähigkeit, zu helfen, und über seine Schwäche, dem Elend standzuhalten, und überläßt sein „leidendes Weib" allein dem „blutenden Jammer". Sie trägt auch dies in stummer Verzweiflung und demütigem Gottvertrauen, leidet allein und pflegt allein und ist standhaft und wartet geduldig, daß der Ruhelose eines Tages wieder in das freudlose Heim zurückkehre. Und als er schließlich wieder an ihre Türe klopft, lehrt sie ihn glauben und beten und führt ihn Gott nahe und erfüllt ihn mit einer so himmlischen Kraft, daß es ihm gelingt, das Wunder einer zeitweiligen Heilung an dem Kranken zu vollziehen[2]).

---

[1]) Die böswillige Darstellung eines solchen Anfalls ist zitiert bei Friedrich Delekat: Johann Heinrich Pestalozzi. Leipzig 1928². S. 79 f., der einleuchtend den Zusammenhang mit religiöser Ekstase aufdeckt.

[2]) „. . . an einem
Sontag, in der Mittags[zeit] —
ich war eben gestern heimgekomen —
die Leiden des Kind waren entsezlich,
die schrekkliche Gichter hatten
ihn heute schon drei [mal] ergriffen,
geworfen, und was er nach
nie that; er schrie, er schrie
in seinem Leiden. Das entsezte
alles. Trehnen flossen wie Bache,
und Jamergeheul umringte
den Leidenden, schreklich Schreyenden
mit starrem Aug der *Gichter*gewaltleiden.
Mich ergriff jez ein unaussprechliches Gefuhl:
ich wußte nicht, was mich trieb,

ich wußte nicht, was ich wollt,
ich wußte nicht, was ich that;
wie vom Sturmwind nieder-
gestoßen lag [ich] vor ihm auf den
Knien und betete mit
einer Stimme ⟨von Macht⟩,
die den Kranken erschutterte.
Er hatte diese Stimme der Gewalt,
diese Stimme der Macht nie
von mir gehort. ⟨Es war⟩
⟨Ich⟩ Mit dieser Stim so
auf den Knien betete ich
und rief ich ihn an:
Glaub nur, trau
Gott! Glaub imer,
so ist dir gehulfen!
⟨Da wichen die Gichter⟩
da horte plozlich ⟨das⟩
Schreyen des Mans [auf];
er schwieg,
er stillete.
Erstaunen ergriff uns;
das Entsezzen entwich,
das Herz ⟨voll der⟩ *voll* sorgen*der*
Forcht athmete
Hoffnung, athmete Glauben.
Er schwieg nach,
er starrte mich an.
Nie weinten starrende Augen —
er hatte nie geweint
in diesen Leiden;
jez weinte er,
Threnen fielen aus seinen Wangen.
Er stillete,
er stillete ganz.
Hin waren die Gichter
und kamen Monate lang
nicht wieder.
Mutter! Mutter!
Kan Gott den Menschen
hoher, kraftvoller
entreißen der Erde
und führen zu ihm,
zum Glauben an ihn?
Schon war die
heilige Stunde.
Wenige Menschen
genießen eine solche
Stunde.
Ohne die Leiden meines Lebens
hett ich sie nicht gesehen,
und wenn ich sie gesehen,
ich hette sie nicht verstanden,
ich hette sie nicht getragen.
Dank und Preis
dem Ewigen fur
meine Leiden ..."

(Ms. Pestal. 300 I, 4. Bl. 16v.) Für eine Datierung dieses Erlebnisses fehlt jeglicher Anhaltspunkt.

Daß Rettung von der grauenvollen Krankheit nur durch Glauben an Gott und den Erlöser möglich sei, ist Pestalozzi durch dieses Erlebnis klar geworden[1]); darum wird er den im Schwang befindlichen irrationalen Ideen von Theosophie und Magie geneigt und unternimmt auch bei dem Sohn Heilversuche mit Magnetismus. Der Freund Jakob Sarasin in Basel, Battiers Schwager, dessen Frau und Sohn mit verblüffendem Erfolg von Cagliostro behandelt worden waren[2]), hatte ihn darauf hingewiesen; auch Lavater glaubte fest an den Wunderdoktor und die Heilwirkung der Magnetkuren, die er selbst bei seiner Frau anwandte[3]). Alle diese Männer verbanden den Glauben an übernatürliche Heilkräfte mit ihrem tiefreligiösen Christentum und sind nicht etwa als leichtfertige Gefolgsleute eines gewissenlosen Schwindlers abzutun; und aus einem wahrhaft religiösen Vertrauen zu dem Wundertäter erklären sich denn auch die vorübergehenden Besserungszustände nervöser Leiden. Bei Jakob Pestalozzi freilich konnte von durchgreifendem Erfolg keine Rede sein, da weder die eine noch die andere Voraussetzung dafür vorhanden war. — So lebt nun der kranke junge Mensch auf dem Neuhof: mißmutig, verstimmt, schwer zu behandeln. Von dem gutmütigen, anhänglichen Kinde ist wenig mehr zu erkennen; „etwas Rohes" liegt in der Art seines Umgangs, und er vermag sich nur noch schwer an Fremde anzuschließen[4]). Höhere Gedanken liegen ihm nunmehr gänzlich fern; er leistet dem Vater nur noch mechanische Dienste in Haus und Hof, macht Botengänge[5]) und „kobiert" wieder viel und schlecht.

Lange Zeit versuchte Pestalozzi, aufmunternd auf den Kranken einzuwirken[6]), bis er schließlich einsehen mußte — und dies bedeutet die schwerste Enttäuschung seines Lebens —, daß er auf die Mithilfe und Nachfolge des Sohnes in seinem Werk endgültig würde verzichten müssen. Er hatte geträumt, an ihm einst eine Stütze und einen Erben seiner

[1]) P.-B. VI, 8 ff. — Dieser (undatierte) Brief Pestalozzis, der für seine Psychologie ungemein interessant ist, ist zweifellos nicht vom Neuhof an Jakob (nach Basel), wie bisher angenommen, sondern nach dem Neuhof gerichtet. Er fällt in die Zeit nach Jakobs Rückkehr, also in das Ende der achtziger Jahre. Nähere Anhaltspunkte zur Datierung sind nicht vorhanden, was um so bedauerlicher ist, als diese erste Erwähnung von Jakobs Krankheit gleichzeitig Aufschluß über den genauen Zeitpunkt ihres Ausbruchs hätte geben können.

[2]) Wernle III, 203. — [3]) Wernle III, 267 f.

[4]) Kehr X, 114. — In früheren Jahren war der junge Fellenberg, der Sohn des Landvogts von Schenkenberg und spätere Begründer von Hofwil, sein Gefährte (Ms. Pestal. 54 a, 286).

[5]) Isr. II, 34 f.; 40.

[6]) Morf I, 149 f.; E. Bl. 108.

Liebe zum Volk und zu den Kindern zu haben[1]), aber machtlos muß er mitansehen, wie der Sohn sein Leben stumpf und interesselos dahindämmerte, nur zuweilen von krampfhaften Konvulsionen geschüttelt, die mit Wahnvorstellungen und Verfolgungsangst einhergingen[2]). Von dem Augenblick aber, in dem er unwiderruflich den Sohn als geistigen Erben verloren geben mußte, datiert seine leidenschaftliche Sehnsucht nach einer wahren Jüngerschaft, die ihn sein Leben lang begleitet und so bitteres Herzblut gekostet hat: er sucht den Sohn, das Kind einer „höheren Liebe", der das Werk erfüllen sollte; denn seine Stimme ist nur die eines „Rufenden in der Wüste", der dem Heiland den Weg bereitet. Als ersten seiner Anhänger schließt er den jungen Nicolovius in sein Herz, mit wehmütiger Liebe; denn er ist der einzige, den er auf dem Neuhof seinem Sohn hat gegenüberstehen sehen. „O wären Sie mein Sohn", bricht es flehentlich aus ihm heraus, „dann würde ich nicht so isoliert aus der Welt gehen"[3]).

Als mit vollendeter Entwicklungszeit die Heftigkeit der Krankheit nachließ und nur noch als konstitutioneller Untergrund latent blieb, jeden Augenblick bereit, wieder hervorzubrechen, ergriff die geprüfte Mutter ein letztes Mittel, den Sohn normalem, bürgerlichem Leben zurückzuführen: sie gab ihm eine Frau zur Ehe[4]). Es war ein im Hinblick auf ihre mütterliche Liebe verständlicher, aber mit Rücksicht auf das Mädchen kaum zu verantwortender Schritt. Mag sein, daß sie damit dem Sohn ein geringes Maß von Lebensfreude für seine letzten Jahre verschaffte; die junge Frau übernahm ein Martyrium, — das sie allerdings ebenso heldenmütig und geduldig trug wie die Schwiegermutter das ihre.

Anna Magdalena Frölich[5]) war ein Patenkind von Anna Schultheß[6]); mit ihren Eltern Frölich-Fisch von Brugg waren Pestalozzi und Anna schon aus ihrer Jugendzeit her gut befreundet; und auch Jakob und Magdalena hatten als Kinder miteinander gespielt[7]). Was sie damit tat, daß sie den um drei Jahre jüngeren Jakob Pestalozzi heiratete, mußte die Vierundzwanzigjährige eigentlich wissen; aber sie war ein selten zärtliches, inniges Wesen, fröhlich und fromm, das mit selbstverständlicher, aufopferungsvoller Hingabe sich in den Kreis der Pestalozzischen Familie und den Dienst der Pestalozzischen Idee stellte. Viel persönliches Glück hat sie in ihrer Ehe nicht erfahren, von fünf Kindern blieb ihr nur eins

---

[1]) X, 462 f. — [2]) E. Bl. 108 f. — [3]) P.-B. VI, 85.
[4]) Cop. 14. VIII. 1791. — [5]) 1767—1814.
[6]) Kr. A. I, 380; P.-B. XXVI, 22 f. — [7]) Ms. Pestal. 550, 4; 54 a, 286.

am Leben[1]). Aber sie genoß die herzliche Liebe Pestalozzis und Annas, die ihr zugetan waren „wie einer leibhaften Tochter"[2]). Gemeinsam mit dem Mann bewirtschaftete sie den Neuhof, der mit dem Reste der Hinterlassenschaft des Großvaters Schultheß 1790 für Jakob sichergestellt worden war[3]), und führte den Textilbetrieb fort, den Pestalozzi eingerichtet hatte. So weit haben Jakobs Kräfte und Fähigkeiten offenbar gereicht. Aber das Geschäft florierte nicht; er klagt beständig über Geldmangel und lebt stets auf Vorschuß, den ihm der technische Leiter der Fabrik, mit der er zusammenarbeitete, Johann Rudolf Dolder, später Mitglied des Helvetischen Direktoriums, aus Freundschaft mit der Familie Pestalozzi immer wieder gewähren mußte[4]).

Gegen Ende der neunziger Jahre hörte auch diese Tätigkeit auf, denn die Anfälle von „Gichtern", verbunden mit Lähmungserscheinungen und Gedächtnisstörungen, folgten nun wieder schneller aufeinander, hinderten den jungen Pestalozzi an jeglicher Beschäftigung und führten schließlich sein Ende herbei[5]). Wochenlange Krankenbetten, zeitweilige Besserungen und erneute Rückfälle schwächten und verstimmten den Patienten in hohem Maße, so daß er seine arme, Tag und Nacht um ihn bemühte Frau arg tyrannisierte. Schließlich änderten sich die Krankheitssymptome; die Heftigkeit der Anfälle ließ nach und verwandelte sich in unaufhaltsamen Verfall des siechen Körpers. Das Leben, das so unbarmherzig von Krämpfen geschüttelt worden war, erlosch kampflos wie eine müde Flamme. Das Antlitz des Toten zeigte den Ausdruck eines sanften Friedens, den es im Leben vergebens gesucht hatte.

Wir sind der Entwicklung weit vorangeschritten, und es gilt nun, zum Ausgangspunkt, dem Leben auf dem Neuhof, nach dem ersten wirtschaftlichen Zusammenbruch[6]), zurückzukehren. — Die landwirtschaftlichen und industriellen Unternehmungen Pestalozzis standen von Anfang an unter einem Unstern; es fehlte sowohl die verständnisvolle Leitung wie das nötige Betriebskapital. Auch war Pestalozzi längst

---

[1]) Im Mai 1792 gebar sie einen toten Knaben; im Juni 1793 Zwillingssöhne, die nur einige Tage lebten. Die Tochter Marianne (April 1795—April 1802) starb siebenjährig an der Auszehrung. Ihr jüngster Sohn Gottlieb (28. XII. 1797 — 15. III. 1863) wurde der Stammhalter der Familie Pestalozzi (I, 254 f.).

[2]) P.-B. IV, 93. — [3]) P.-B. II, 91 f.

[4]) 13 Geschäftsbriefe Jakob Pestalozzis an Laué & Co., Wildegg (Ms. Pestal. 550, 4).

[5]) Morf I, 150 f. — [6]) 1770.

über das Nur-Ländliche, oder anders ausgedrückt: über die Rousseau-Schwärmerei hinausgewachsen, und der eigentliche „Beruf" seines Lebens begann langsam sich herauszukristallisieren. Er vollzog eine jener Metamorphosen, deren er in seinem Leben mehrere durchmachte und aus denen seine Menschlichkeit stets in reinerer und größerer Klarheit hervorging, die aber freilich auch nie ohne bittere Schmerzen abliefen. Diesmal gebar er die Idee der Arbeitsschule, den ewigen Traum seines Lebens. Er, der sich selbst nicht helfen konnte, brannte darauf, anderen zu helfen. Sein unendlicher Liebesdrang fand an seinem eigenen einzigen Knaben kein Genügen; die Armut der Landbevölkerung schrie ihm entgegen; er fühlte sich für sie verantwortlich und dazu berufen, die „Quellen des Elends zu stopfen". Er fing bei den Kindern an und nahm die Verwahrlosesten in sein Haus, um ihnen Heimat, Geborgenheit, „innere Ruhe" zu verschaffen. Er wollte ihnen eine „Auferziehungsstube" bieten, die ihrer künftigen Wohnstube so ähnlich wie möglich sei, uhd glich darum sein Heim den Hütten der Armut völlig an. — Das Haus war aber der Bereich seiner Frau. Pestalozzi führte die verwahrlosten Kinder somit in das Innerste *ihrer* Zurückgezogenheit. Wie stellte sich Anna zu diesem Eingriff in ihren Lebenskreis?

Es war damals nicht leicht für eine Bürgersfrau, auf dem Lande und gewissermaßen unter ihrem Stande zu leben. So eifrig Anna auch die Einsamkeit lobte, fehlten ihr doch die gewohnten reichen Anregungen der großen Stadt, und die Unbequemlichkeit und Einschränkung der Abgeschiedenheit behinderten sie in ihren Lebensgewohnheiten[1]). Trotzdem versuchte sie in allen diesen Jahren, mit angeborenem Schönheits- und Ordnungssinn ein einigermaßen standesgemäßes Haus zu führen, von Gästen belebt, von Behaglichkeit erfüllt. Nun sollte ihr auch der letzte Rest bürgerlicher Geborgenheit und die letzte Zuflucht ihrer einsamen Seele, das Heim, genommen werden. — Wohl empfand auch sie die Verpflichtung, wohlzutun und mitzuteilen, aber ihre guten Werke entsprangen nur aus Pflichtbewußtsein, und der Niveauunterschied zwischen Gebendem und Nehmendem wurde bei ihren Gaben nie verwischt. Sie fühlte dies selbst als einen Fehler

---

[1]) Vgl. Georg Witkowski: Cornelia, die Schwester Goethes. Frankfurt am Main 1903. S. 95: „An das Haus gebannt, des geistig geselligen Verkehrs beraubt, der ihr zum stärksten Bedürfnis geworden war, lebt sie dahin, abgeschnitten von allem, was nach ihren Begriffen gut und schön in der Welt ist. ‚*Ihre ganze Lage paßt nicht auf sie*'..."

und bewunderte an Pestalozzi den überströmenden Reichtum seiner schenkenden Liebeskraft. Und obwohl es ihr nicht leicht fiel, seinen Plänen beizustimmen, brachte sie es deshalb nicht übers Herz, ihn durch ihre Bedenken an seinem Liebeswerk zu hindern. Das Projekt lag ihm im Kopf wie eine „zweyte Braut“, und das fand sie auch recht; „ein Mann ist kein Mann, wenn er in deinem Alter nicht etwas hat das ihn mit Leib und Seel einnihmt“[1]), spricht sie durch den Mund der Therese Arner. Sie stellte sich tapfer an seine Seite und unterstützte ihn nach besten Kräften, aber mehr um seinet- als um der Sache willen. Es bedeutete tägliche Überwindung für sie, die verwahrlosten Bettelkinder in ihrem gepflegten Hause zu ertragen, und es dauerte geraume Zeit, bis sie zu den besten unter ihnen eine persönliche Zuneigung faßte[2]). Was ihr immer wieder neue Kraft gab, war das Bewußtsein, den Gatten durch ihre Unterstützung zu erfreuen; denn das Glück, nun endlich das Feld seiner Bestimmung gefunden zu haben, leuchtete ihm förmlich aus den Augen, und er war überzeugt, auch für sie nicht anders leben zu können, als durch Befriedigung seiner Idee[3]). Um ihm die Erfüllung seines Lebensplanes zu ermöglichen, und weil auch sie „diese Endzwecke schätzte“, zeigte sie sich standhaft und „zu jeder Aufopferung bereit“[4]).

Ein gerüttelt Maß von Mühe und Arbeit lag auf ihren Schultern. Sie „leitete die Mädchen[5]) in den Arbeiten des Haushaltes, in der Küche, in den Zimmern, im Stricken, Nähen, im Waschen und Flicken an, auch mußten sie in Garten- und Pflanzplätzen mithelfen und in solchen Arbeiten geübt werden“[6]). Ihre von Jugend auf bewährte Arbeitskraft und ihre ausgebreiteten Kenntnisse in der Hauswirtschaft kamen ihr nun zustatten. Besonders die Spinnstube, die sie einrichtete, kam so gut in Zug, daß Fremde, die sie besuchten, sie recht zu loben wußten[7]). Bei der Arbeit wurden fröhliche Lieder gesungen, oder Anna versuchte, den Kindersinn auf die Religion zu lenken. Die Oberleitung des gesamten Hauswesens und die Beaufsichtigung der Angestellten lag in ihren Händen, und die hohe, stolze Gestalt gebot unwillkürlich Ehrfurcht und Respekt, wo sie erschien. „Sie ordnete und regierte mit liebevoller würdiger Strenge, man fürchtete, achtete,

[1]) Kr. A. III, 39. — [2]) Kehr XIII, 355. — [3]) P.-St. I, 9.
[4]) Kr. A. I, 170.
[5]) Ca. zwanzig an der Zahl (Kr. A. I, 190).
[6]) Birrer Erinnerungen an Heinrich Pestalozzi, gesammelt von Lehrer Huber in Lupfig. (P.-B. II, 85 f.)
[7]) Brief Bäbes an Anna (P.-St. I, 74).

liebte sie. Wo sie hinkam und wo sie waltete, ging alles nach Wunsch." In ihrer Gegenwart fiel kein unpassendes Wort. Eine Atmosphäre von Beherrschung und Reinheit ging von ihr aus, und solange sie die Zügel in der Hand hatte, herrschte Ordnung und Sauberkeit. Langsam wuchsen auch ihr die Kinder ans Herz, und sie hoffte nur, daß der Erfolg ihrer gemeinsamen Arbeit nicht ausbliebe, da sie ihn für ihren Gatten so sehnlich wünschte[1]).

Sehr wichtig waren ihre Bemühungen um eine geordnete Buchführung, die über den mit der Armenschule verbundenen Geschäftsverkehr Rechenschaft ablegen sollte. Sie richtete ausführliche Haushaltungsbücher ein über die Erträge der Spinnstube, den Eingang von Baumwolle und Abgang von Tüchern; über entlehnte Gelder und den Geschäftsverkehr mit dem Bruder Jakob vom Pflug[2]). Jedes einzelne Kind erhielt ein Separatkonto[3]). Die Anlage war zweckmäßig und zeugt von bestem Willen; aber sie blieb in den Anfängen stecken und wurde nicht lange durchgeführt, da die Dinge mit der Zeit Frau Pestalozzi über den Kopf zu wachsen begannen[4]).

Anna war auch — um dies hier gleich anzuschließen — ihr lebelang Pestalozzi bei der Gestaltung seiner schriftstellerischen Arbeiten behilflich. Er pflegte ihr die am Tage niedergeschriebenen Abschnitte vorzulesen, und wenn sich auch schwer feststellen läßt, wieviel sie inhaltlich dazutat, so hat sie doch zum mindesten auf die Veredlung des sprachlichen Ausdrucks einzuwirken gesucht[5]). — Nicht hoch genug anzuerkennen aber ist ihre unermüdliche Bereitwilligkeit, aus den ersten, unübersichtlichen Konzepten Pestalozzis saubere Reinschriften herzustellen. Was das bedeutet, vermag nur zu ermessen, wer Pestalozzis Manuskripte kennt. Sie schrieb bändeweise Abhandlungen ab[6]), besonders Preisschriften, die Pestalozzi in seiner genial-unleserlichen Handschrift dem

---

[1]) P.-B. II, 13 f.

[2]) Kr. A. I, 360 f. — Kurt Gerlach: Die dichterische Ausgestaltung der pädagogischen Ideen in Pestalozzis „Lienhard und Gertrud". Berlin 1912. S. 120 ff.

[3]) Kr. A. I, 348.

[4]) Pestalozzi benutzte später die mehr als halbleeren Bücher, um — auf den Kopf gestellt und vom letzten Blatt angefangen — seine Gedanken über Volkserziehung hineinzuschreiben; und als er an ihre Eintragungen geriet, schrieb er zwischen den Zeilen weiter, denn er war zu arm, um neues Papier zu kaufen (Kr. A. IX, 539 f.).

[5]) Kr. A. III, 385.

[6]) Kr. A. I, 352; 366; Kehr XIII, 183; Kr. A. IV, 574 f.; Teile der „Nachforschungen", des Ms. „An die Einzige" u. a. m.

Kollegium nicht anzubieten wagte; sie folgte seinem Diktat in Briefen[1]) und zog lange Stellen aus gelesenen Büchern für ihn aus[2]).

Sie half ihm also, soweit es in ihren Kräften stand und so weit sie sich ihrer eigenen Gebundenheit und Schwere entäußern konnte. „Alles ist darüber einig", berichtet ein Augenzeuge, „daß er ein glücklicher Ehegatte und Familienvater war; seine Gattin liebte er zärtlich und Niemand will etwas davon wissen, daß er je einmal mit ihr in Unfrieden gelebt oder mit ihr sich gestritten oder gezankt hätte. Sie wußte sich an seine Eigentümlichkeiten und Sonderbarkeiten zu gewöhnen und sich stillschweigend, geduldig in alles zu schicken, was er zu unternehmen entschlossen war und durchsetzte. Mit ihrer Einsicht und Willenskraft stand sie ihm in stiller Ergebenheit zur Seite und ertrug das harte Geschick, die Not und die Armut, mit der die Familie Jahre lang in so hohem Grad heimgesucht war[3])." Die Gatten selbst bezeugen in herzlichen Schreiben, wie innig sie aneinander hingen, und daß sie sich trotz Not und Enttäuschung eins fühlten und zueinander hielten: „Wenn meine Frau heut heim komt, so danke ich Euch nechste Post für alles gute so ihr derselben erwiesen", schreibt Pestalozzi an ihre Geschwister, „komt sie nicht heim, so warte ich mit dem Dank und fange zuerst an zu plangen, wie verteufelt lang ihr sie aufhaltet"[4]); und Frau Anna an den Gatten: „Ich freüe mich, wen wir wieder beyeinander in Ruhe und Stille und Frieden häuslich wohnen. Arbeite nur brav vor und a u s; will gern dan abschreiben ..." Und ein andermal: „Kome so bald dir möglich wider zurück; wann es Gott gefält so solst du auch an mir Ruhe und Trost finden, du teürer lieber Papa[5])."

Die beglückende Gemeinschaft der Ehegatten fand mit einem Schlage ein jähes Ende durch den Zusammenbruch der Armenschule[6]) und seine katastrophalen Folgeerscheinungen, die Anna nun nicht mehr so tapfer zu überwinden vermochte wie die erste Erschütterung des Neuhofs. — Zunächst kam die wirtschaftliche Niederlage einem völligen Ruin gleich und ließ sich nicht mehr notdürftig beheben wie die früheren. Wie ein Faß ohne Boden verschlang sie das gesamte vorhandene und noch zu erhoffende Vermögen der Frau Pesta-

[1]) Isr. II, 27. — [2]) Kr. A. IX, 354; 389.
[3]) P.-B. II, 90 f. (Birrer Erinnerungen). — [4]) Korr.-Bl. 1878, 3.
[5]) Ms. Pestal. 54 a, 281.
[6]) 1779 nach ca. fünfjährigem Bestehen.

lozzi[1]) „bis auf ihr Geschmeid“[2]) und zog auch die Familie Schultheß weitgehend in das Unglück mit hinein. Denn durch einen Verzicht auf ihre väterlichen und mütterlichen Erbaussichten vermochte Anna die Bürgschaften, die Vater und Brüder auf den Neuhof übernommen hatten, nicht entfernt zu decken[3]), so daß das verwandtschaftliche Verhältnis zum Pflug in noch erheblicherem Maße erschüttert wurde. Pestalozzi ließ sich aber auch weder raten noch helfen. Lieber wollte er in äußerster Armut auf eigenem Grund und Boden darben, als den Neuhof — und damit die Hoffnung auf eine spätere Erneuerung seines Erziehungsversuches — auch unter günstigen Bedingungen aufgeben[4]). Anna stand in diesem Entschluß ganz auf seiner Seite[5]) und hielt im Unglück mit einer Festigkeit zu ihm, die sie ihrer Familie gegenüber in schwerste Konflikte brachte. Erst nach dem Tode der Mutter[6]) besserte sich das Verhältnis zum Pflug ein wenig[7]), und sie hatte die Freude, daß wenigstens der Vater die letzten Jahre seines Alters in ihrem Hause verlebte[8]).

Sie hatte ihre letzte Tapferkeit zusammengerissen, um nach außen hin nicht schwach zu erscheinen; in der Einsamkeit ihres Kämmerleins brach sie in all dem Leid, das über sie gekommen war, zusammen. Eine schwere körperliche Krankheit[9]) warf sie nieder, hielt sie für Monate, ja — mit Unterbrechungen — für Jahre fest und ließ sie ihr Leben lang nicht wieder ganz frei[10]). Zugleich erlitt sie eine seelische Depression von solcher Tiefe und Gewalt, daß deren Folgen sich bis ins hohe Alter bemerkbar machen. Der Ansturm des Unglücks war zu heftig, als daß sie ihm hätte Stand halten können. Ihre Lebenskraft erhielt einen Schlag, von dem sie sich nie wieder erholte. Fortan zieht sich ein Bruch durch ihr Wesen, und die Richtung aufs Passive verstärkt sich in zunehmendem Maße. Mit Aufbietung aller Kräfte hatte sie in diesen schweren Jahren versucht, sich über sich selbst hinaus-

---

[1]) Mitgift und Muttergut waren ihr nach der Geburt des Sohnes verabfolgt worden (Haushaltungsbuch).

[2]) X, 513. — [3]) Kehr XIII, 81 ff.; 270.

[4]) XII, 439 f. — Ms. Pestal. 300 I, 4.

[5]) X, 576; XII, 428. — [6]) 16. XI. 1780.

[7]) Kehr XIII, 185; 359; 269; 272.

[8]) P.-B. XIX, 23 f. — Ms. Pestal. 54 a, 286. — An Claus, Brief 7. — † 26. I. 1789.

[9]) Die Art der Krankheit läßt sich nicht bestimmen; sie nennt sie einmal Gallen- und Faulfieber (Tgb. S. 6). Auch der genaue Zeitpunkt ihres Beginns ist unbekannt; er muß — abgesehen von einem ersten Auftreten zu Anfang des Jahres 1777 (Kr. A. I, 166) — mit der Auflösung der Armenanstalt (1779) zusammengefallen sein.

[10]) Kr. A. I, 166; P.-B. II, 42.

zuheben; aber die zwangsmäßige Einfügung in einen fremden Lebensstil rächte sich bitter. Die Tätigkeit *in der Welt* kostete sie ihre seelische und körperliche Spannkraft. Alles, was sie vom Leben erwartet und gehofft hatte, war vernichtet Auch die Ideale, um derentwillen sie alle Entbehrungen auf sich genommen hatte, lagen zertrümmert. Der gute Name und die Ehre des Hauses waren dem Spott der Straße ausgeliefert; die besten Freunde fanden nur noch ein mitleidiges Achselzucken; man wußte selbst nicht mehr, wohin man steuerte.

Das schlimmste war die immer wieder auftauchende bange Frage, ob Pestalozzi sie enttäuscht und ob er selbst den ganzen Jammer verschuldet hätte? Sie bemerkt, wie die Leute über ihn reden, ihn leichtsinnig und unklug nennen, sich nicht mehr auf ihn verlassen wollen, ihm nichts mehr zutrauen. *Sie* hatte sich auf ihn verlassen, ihm vertraut, auf ihn gehofft; — sollte dies alles eine Täuschung gewesen sein? — Sie fühlte sich in ihrem Innersten verletzt, daß ihr Mann in der Welt nicht so dastand, wie sie es erwartet und gewünscht hatte; und die Scham und Schande marterten sie, so daß sie sich noch mehr als bisher in die Einsamkeit ihrer Seele verkroch. Was blieb ihr nun zu glauben übrig, da sie doch bestätigt fand, was man ihm vorwarf: daß er selbst *dort* versagte, wo er sich berufen fühlte? Es war, als wollte auch sie, die einzige, die bisher unentwegt treu zu ihm gestanden, an ihm irre werden; als schiene endlich auch ihr sein Tun „Unsinn und rasende Torheit“; als kenne sie ihn nicht mehr[1]). Ratlos, verzweifelt, an Leib und Seele gebrochen, schleppte sie mühsam und entkräftet ihr verfehltes Leben an den Grenzen des Todes dahin, stündlich bereit, es aufzugeben, weil sie keinen Sinn mehr darin fand. Und es bedurfte eines jahrelangen, nie ermüdenden, täglich von Neuem sich aufraffenden Kampfes, geduldig zu sein, aus dem Verlust einen Verzicht zu gestalten, wieder neuen Lebensmut zu finden und zu der Einsicht zu gelangen, daß es gut so sei, wie es gekommen, Gott am wohlgefälligsten.

Ihr Glaube war schließlich auch diesmal stärker als das Schicksal, und er vermochte es auch diesmal, sie hinüberzuretten; aber sie ist nun nicht mehr das „erhabene Weib“ von ehedem, zu allem Großen fähig. Sie ist nun eine müde, gealterte Frau, die mit dem Leben abgeschlossen hat, das über sie hinweggeschritten ist. Ging in der Jugend ihr Gebet um Vergebung von allen Sünden, so fleht sie nun um Erlösung von allen Leiden. Ihr ganzes ferneres Leben ist eine

[1]) Kr. A. VIII, 223 f.

langsame Vorbereitung auf den Tod; zu der alten Höhe mutvoller Entschlossenheit hat sie sich nie wieder emporgeschwungen. Ein schmerzlicher Zug von Bitterkeit, den sie nie überwunden hat, liegt um ihre immer schmäler werdenden Lippen; aller Schwung und alle Lebendigkeit sind aus dem Antlitz entflohen; die Augen blicken trübe und vom vielen Weinen vergrämt[1]). Die Jugend ist dahin; Resignation der Hafen, in den sich die Gescheiterte flüchtet. Vor den Menschen versteckt sie sich[2]), weil sie ihre Blicke nicht zu ertragen vermag. Sie klagt nicht viel; ihr Los ist Schweigen.

Ihre Liebe zu Pestalozzi war nicht geringer geworden; im Gegenteil, das Unglück hatte die beiden, wenn möglich, nur noch fester aneinandergeschmiedet. Sie blieb ihm treu, auch wo sie ihn nicht mehr verstand, aber sie vermochte nicht mehr, mit ihm zu gehen wie bisher. Sie mußte zusehen, wie er sich geistig von ihr löste, wie *er* aus den namenlosen Leiden heraus die Kraft zu einer *positiven* Lösung und einem neuen Glauben fand, einem diesseitigen, unerschütterlichen Glauben an das Göttliche im Menschen, das er zu entbinden trachtete, den sie weder zu billigen noch zu teilen vermochte. *Sein* Gott war der Vater der Menschen, der sich gütig zu seinen Kindern herniederneigt, und Liebe war das Medium, das Gott und Mensch und die Menschen untereinander verbindet; *ihr* Gott aber thronte fern ihm Jenseits; der Mensch war sündig, die Kluft zwischen Gott und ihm unüberbrückbar. — Alle Entwicklungen, die Pestalozzi noch durchmacht, vollzieht er nun allein. Seine Frau folgt ihm nicht mehr nach. Es sind nicht mehr nur acht Jahre, die sie ihm voraus hat; sie ist nun eine alte Frau, er aber der ewige Jüngling, der sich vom Schicksal nicht besiegen läßt.

Sie kämpfen ihren Kampf jeder für sich allein und begreifen unter Schmerzen, daß auch in der Ehe der Mensch im tiefsten einsam bleibt. Sie stehen vor der Aufgabe, ihr Verhältnis auf eine neue Grundlage zu stellen, und die Frau muß sich nun damit begnügen, nur noch der feste Grund zu sein, zu dem Pestalozzis stürmisch bewegte Seele immer wieder zurückkehren und Anker werfen kann. Sie muß ihn ziehen lassen, weil er weit über sie hinausgewachsen ist, und warten, ob und wann er zu ihr zurückkehren würde. Er hat die „zweite Braut" einer „höheren Liebe" gefunden, der sie ihn entsagungsvoll überläßt. Es steht weder in ihrer Macht noch in ihrem Willen, ihm zu folgen. Sie hat die Grenzen ihrer Möglichkeit erreicht.

[1]) P. i. B., Taf. 18; 20. — [2]) P.-B. XII, 1 f.

Wir sind sehr geneigt, dies heute als einen Mangel zu empfinden, aber es ist zweifelhaft, ob Pestalozzi dies ebenso sah, ob er mehr erwartet hat, ja ob er überhaupt mehr geduldet hätte. Eine so eigenwillige Persönlichkeit wie die seine hätte die Mitarbeit eines zweiten gar nicht ertragen. Auch scheint es zuweilen, als ob ihm im Laufe der Jahre die Schattenseiten im Charakter seiner Frau nicht verborgen geblieben[1]) und ihm besonders ihre pietistischen Selbstreflexionen, seitdem er selbst über sie hinausgewachsen war, ein wenig auf die Nerven gefallen wären[2]); und über die Ehe hat er sich in Zeiten größter Zerrissenheit einmal bitter genug geäußert[3]). Aber im Grunde überwiegt doch seine Hochachtung vor ihrer festgegründeten Religiosität und die Verehrung seiner Frau als einer der reinsten, edelsten Seelen, die er je auf Erden gesehen[4]). Darum fühlt er sich ihr auch zutiefst verschuldet, denn er weiß wohl, daß er ihr Lebensglück zerstört hat. Dies Gefühl der Schuld ihr gegenüber begleitet ihn durch sein ganzes Leben; aber es ist seine Tragik, daß er ihr, obwohl sie ihm bewußt ist, nicht entrinnen kann. Er opfert die Frau seinem Werke auf und weiß, was er ihr damit antut. Aber alle menschlichen Bindungen beginnen allmählich, für ihn ins Wesenlose zu versinken; er ist von einer Idee besessen, die Opfer verlangt. Er muß das Liebste, das er besitzt, von sich losreißen, um ganz frei und ungebunden seinem Werk zu leben; er steht allein im Weltenraum. Ihre Lebenslinien führen nun auseinander; die Frau bleibt auf der Strecke zurück. Weil sie aber erkannte, daß seine Zwecke groß und edel waren, ließ sie es in entsagender Liebe geschehen und gab ihr Lebensglück dafür zum Preis.

2.

Auf dem Neuhof war ein solches Elend eingezogen, daß zuweilen die notwendigsten Nahrungsmittel fehlten[5]). Die Leitung des vereinsamten, aber immer noch weitläufigen Be-

---

[1]) In den Bemerkungen zu gelesenen Büchern (Kr. A. X, 219 ff.) findet sich bei Gelegenheit der Lektüre von Dr. Carl Friedrich Bahrdts Geschichte seines Lebens, seiner Meinungen und seines Schicksals, Berlin 1790/91, ein im Vergleich zu anderen Notizen auffallend ausführlicher Auszug über Bahrdts Eheleben und die Mißstimmung seiner Frau. Bei dem Punkt, daß Frau Bahrdt durch Tugend allein ihr Leben ausfüllte und in diesem Streben alles vergaß, schreibt Pestalozzi an den Rand: „Religion und jede Einseitigkeit macht die gleiche Wirkung."

[2]) Sie mögen ein paar Züge zu den Schilderungen der frömmelnden Maulchristinnen in seinem Roman beigetragen haben (Kr. A. III, 78; 105 f.).

[3]) Kr. A. VIII, 305. — [4]) XII, 425; Kr. A. VIII, 223 f.

[5]) „Pestalozzi sei auf dem Neuhof so arm geworden, daß die Familie mit Unschlitt statt mit Butter oder Schweinefett ihre Speisen habe „zeugen" müssen" (P.-B. IV, 14. Birrer Erinnerung).

triebes erforderte nach dem Versagen der Hausfrau eine rüstige, gesunde Arbeitskraft, und diese stellte sich wie ein Wunder vom Himmel eines Tages plötzlich[1]) in Gestalt der treuen Magd Lisabeth Näf ein.

Um ihre Person hat sich schon zu ihren Lebzeiten die Legende in so starkem Maße gebildet, daß es schwer hält, Wahrheit und Dichtung voneinander zu scheiden[2]). Tatsache ist, daß sie aus freiem Entschluß sich Pestalozzi in seinem Elend zur Verfügung stellte, da seine menschenfreundlichen Bemühungen ihr Herz bewegt hatten. Diese Tat allein beweist ihre großmütige Gesinnung und ihre mutige Entschlossenheit. Die Berichterstatter[3]) sind sich darüber einig, daß sie es war, die in das heruntergekommene Hauswesen wieder Ordnung und Reinlichkeit hineinbrachte[4]) und für ausreichende Nahrung sorgte, und daß sie sich durch ihre unermüdliche Hilfsbereitschaft zur unentbehrlichen Familienfreundin emporschwang. Denn ohne sie läßt sich fortan das Pestalozzische Haus nicht mehr denken. Wenn sich Schwierigkeiten einstellten, griff s i e zu; sie stand immer und überall dort, wo Not am Mann war, und alles tat sie mit selbstverständlicher Pflichttreue und „innerer Ruhe", weil das Wohl der Pestalozzischen Familie ihr eigenes geworden war.

---

[1]) Der Zeitpunkt ihrer Ankunft auf dem Neuhof läßt sich aus keiner Quelle nachweisen, so überaus wichtig er gerade für die Frage nach dem Urbild der Gertrud wäre. Er muß im Jahre 1780 gelegen haben, nach der zweiten Neuhofkatastrophe.

[2]) Vgl. S. 88, Anm. 6. — Wir sind wesentlich auf Nicolovius' Bericht von 1804 an die Eutiner Literarische Gesellschaft (P.-B. VI, 91 f.) angewiesen: „Eine Dienstmagd, die seit vielen Jahren in der Familie gedient hatte [a] und nun den alten Brotherrn, dessen Haushälterin sie war, durch den Tod verlor [b], kam zu Pestalozzi. Sie hatte ihn von Jugend auf gekannt [c], wußte sein Unglück und kam, um zu helfen. Pestalozzi weigerte sich, sie in sein Elend aufzunehmen; da seine Gründe ihr aber nicht galten, mußte er nachgeben. Noch ein Bedenken blieb ihm. Er haßte von jeher Wortkrämerei; sein Leiden hatte ihn noch stummer gemacht. Die fromme Magd liebte Beten und Gesang. „Ihr werdet Euch an uns ärgern," sagte er ihr, „aber bald werdet Ihr es merken, daß auch unter uns Gott ist." [d] Sie nahm kein Ärgernis und gab auch keins. Ein mutiges, teilnehmendes Wesen war nun in das unglückliche Haus gekommen . . ." — Diese Darstellung, die auf Nicolovius' Eindrücken bei einem Besuch auf dem Neuhof (1791) beruht, ist nicht ganz zuverlässig, denn sie scheint Züge Babelis, von der Pestalozzi ihm erzählt haben wird, mit denen Lisabeths zu mischen. Vgl. b und c. Auch a kann schon aus zeitlichen Gründen nicht stimmen, denn Lisabeth war bei ihrem Dienstantritt höchstens achtzehn Jahre alt (* 6. IV. 1762. — P. i. B., Taf. 149). — Die Betonung der Frömmigkeit [d] weist stark auf den Schreiber selbst zurück.

[3]) Nicolovius im Verlauf seiner Erzählung und Emanuel Frölich in: Kehr X, 120.

[4]) Die Schilderungen von dem Maß und dem Erfolg ihrer Tätigkeit enthalten indirekt die schwersten Anklagen gegen die Haushaltsführung der Frau Pestalozzi. Sie lassen sich nur durch den Hinweis auf deren jahrelange Krankheit erklären.

Die Verbindung von Seelenstärke und Anspruchslosigkeit prägte sich in ihren Zügen so wohltuend aus, daß Besucher von ihrem Anblick betroffen waren. „Ein sonderbarer Glanz demütiger Bescheidenheit war in ihrem Wesen“[1]), rühmt ihr Nicolovius nach, und auch Pestalozzi selbst findet ihr Aussehen bedeutend genug, um sie Lavater zur physiognomischen Beurteilung vorzustellen: „Ich weiß, Sie fassen ein Gesicht gern ins Auge, das männliche Festigkeit in einem solchen Grade, wie ich sie noch in keinem Weib fand, mit einem gleich hohen Grad sich hingebender und ganz aufopfernder Güte verbindet, die sich selbst ... und alles um sich her humanisiert. Dieses Gesicht, das gewiß die innere Erhabenheit eines geprüften Charakters Ihrem Forscherauge ganz zeigt, wollte ich Ihnen zeigen ...“ Er vermochte sich nicht genug darin zu tun, die Bedeutung ihrer Persönlichkeit für sein Leben und sein Werk zu betonen. „Ich lege die Last meiner Lebenswünsche auf die Schultern der Person, die vor Ihnen steht“, fährt er fort, „und ich weiß, Sie kennen den Mann kaum, der mir, wie ich bin, was ich bedarf, mehr leisten könnte[2]).“ Er setzte sie Helden und Heiligen gleich und hielt so viel von ihrem sicheren, verständnisvollen Blick in allen „Menschlichkeitsangelegenheiten“, „daß er ihr Manches, z. B. Charakterschilderungen, Scenen des häuslichen und Familienlebens, vorlas oder zu lesen gab und sie um ihr Urteil darüber fragte“[3]). Denn sie „war eine sehr kluge, obwohl ganz ungebildete Frau“[4]). Pestalozzi hat es oft genug ausgesprochen, daß er ohne sie nicht mehr leben könnte[5]), und zu Ramsauer äußert er einmal: „Im Grabe noch würde ich mich umdrehen und im Himmel nicht selig sein können, wüßte ich nicht, daß Lisabeth nach meinem Tode mehr verehrt würde als ich selber, denn ohne sie würde ich lange nicht mehr leben und du wärest auch nicht, was du nun bist[6]).“

[1]) P.-B. VI, 92. — [2]) P.-B. XIX, 21 f. (1788). — Lavater schrieb unter ihren Schattenriß: „Liebliche Einfalt und Treu in dem hellen Blick der Unschuld“ (Isr. II, 34). — [3]) Frölich in: Kehr X, 120.

[4]) Nach Ramsauers Zeugnis in: Pestalozzische Blätter, Elberfeld und Meurs 1846. S. 75. — Vgl. die Worte der Frau von Knebel über Christiane Vulpius. In: Etta Federn: Christiane von Goethe. München 1916. S. 124: „Sie war keine sehr ausgebildete Frau, aber sie hatte sehr vielen natürlichen, hellen Verstand. Goethe hat uns oft gesagt, daß wenn er mit einer Sache in seinem Geiste beschäftigt wäre und die Ideen zu stark ihn drängten, er dann manchmal zu weit käme und sich selbst nicht mehr zurechtfinden könne, wie er dann zu ihr ginge, ihr einfach die Sache vorlege und oft erkennen müsse, wie sie mit ihrem einfachen, natürlichen Scharfblicke immer gleich das Richtige herauszufinden wisse und er ihr in dieser Beziehung schon manches verdanke.“

[5]) Morf III, 274 f. „Ich wüste nicht, wo mein schwaches Herz und mein alter Kopf Trost finden sollte wen sie sturbe ...“ (1805).

[6]) Ramsauer: Pestalozzische Blätter, a. a. O. S. 75.

Sie führte die Wirtschaft des Neuhofs, auch als Jakob Pestalozzi das Gut übernahm, und bewährte sich in den Jahren seiner schweren Krankheit als die aufopferungsvollste Helferin[1]). Obwohl sie nie dergleichen gelernt hatte, war sie unermüdlich im Ersinnen immer neuer Erleichterungen, die das schwache und doch so teure Leben ein wenig verlängerten. Auch das zarte Kind Marianne pflegte sie bis an sein frühes Ende, und Gottlieb, dem einzig überlebenden Pestalozzischen Enkel, war sie stets eine getreue Gotte. Wo ernsthafte Krankheitsfälle eintraten, möchte man zuerst nach ihr senden[2]), und auch im Institut von Iferten, dessen Haushaltsführung zeitweilig in ihren Händen lag, versorgte sie vornehmlich die kranken und die kleinen Knaben[3]). Die Kinder hingen an ihr, denn sie gab ihnen „nicht bloß Brot, sondern tägliche tätige Liebe und Sorgfalt"[4]).

Frau Pestalozzi schätzte und liebte sie als ihre getreue Freundin, und nie kam es zum Ausdruck, daß Lisabeth einst als Magd in das Haus eingetreten; sie hat ja auch stets auf Lohn verzichtet und sogar ihr bescheidenes Erbteil Pestalozzi zur Verfügung gestellt. So stolz und unnahbar Frau Pestalozzi sich auch trug, schied sie doch die Menschen ihrer Umgebung nicht in Gebildete und Ungebildete, sondern schätzte wahre Herzensgröße, in welcher Gestalt sie ihr auch entgegentrat. — Im übrigen war es durchaus nicht leicht, auf die Dauer reibungslos mit Lisabeth auszukommen, denn die bedeutende Stellung und der Ruhm, den man ihr vergönnte, stiegen ihr mit den Jahren ein wenig zu Kopf und machten sie barsch und uneinsichtig. Sie konnte leidenschaftlich bis zur Hartnäckigkeit werden, wenn man ihr dreinredete[5]), und es war ebenso klug wie großzügig von Frau Pestalozzi, daß sie sie gewähren ließ. Nicht, daß sie sich nur das Mühselige ihrer hausfraulichen und mütterlichen Aufgaben von ihr abnehmen ließ —, sie teilte bis an den Tod auch alle persönlichen Erlebnisse mit ihr[6]) und fand an dieser Gemeinschaft einen Trost und eine Stütze. Als geringes Zeichen der Dankbarkeit und Liebe für „ihre ausgezeichnete, unaussprechliche Treue, Aufopferung und Anhänglichkeit" gedachte sie ihrer ausführlich in ihrem Testament[7]); denn so freundschaftlich sie ihr auch verbunden war, in ihren Verpflichtungen fühlte

[1]) Morf I, 148 ff. — [2]) E. Bl. 118.
[3]) X, 341 ff. — [4]) Morf IV, 359.
[5]) Morf I, 152. — P.-B. XXVII, 9.
[6]) Pestalozzi richtete im Alter seine Briefe stets an seine Frau und Lisabeth gemeinsam (E. Bl. 118 ff.).
[7]) E. Bl. 122 f.

sie sich doch stets als die Herrin, die für das Alter der Magd zu sorgen hatte. —

Das persönliche Schicksal der Lisabeth, für das sie sich mit ihrer Treue an dem Pestalozzischen Hause allen Segen verdient hätte[1]), war eine einzige Kette schwerer Leiden und Enttäuschungen. Vierzigjährig verheiratete sie sich[2]) — aus welchem ersichtlichen Grunde sonst, als um nur verheiratet zu sein! — mit Matthias Krüsi, dem Bruder von Pestalozzis erstem Gehilfen, einem nicht viel mehr als zwanzigjährigen Jüngling, der ihr Sohn hätte sein können[3]). Zwei Jahre zuvor war der Knabe erst mit einem Kindertransport aus dem durch die Revolution bedrängten Appenzeller Land geflüchtet und von einer mildtätigen Familie aufgenommen und eingekleidet worden. Nach wenigen Monaten seines Aufenthalts auf dem Neuhof kam die völlig unverständliche Verbindung des Jünglings ohne Sein und Haben mit der tüchtigen Lisabeth zustande; eine Ehe, die der Armen wohl kaum einige Augenblicke des Glücks geschenkt haben mag. Denn der Mann entwickelte sich zum Trinker[4]), und die Frucht dieser Vereinigung — eine Fehlgeburt kostete sie fast das Leben[5]) — war ein blödsinniger und taubstummer Sohn, der mehr als dreißig Jahre lang die freie Beweglichkeit der bedauernswerten Mutter belastete und weit über ihren Tod hinaus die Barmherzigkeit freundlicher Mitmenschen in Anspruch nahm[6]). Aber mit rührender Fürsorge müht sie sich um ihren „Schaggi"[7]), und keine Klage dringt über ihre Lippen; denn die Pestalozzischen Frauen waren gewöhnt, ihr Joch schweigend zu tragen.

Es ist beschämend, einzugestehen, daß Lisabeth am Ende ihres Lebens auch von Pestalozzischer Seite nicht den Dank und die Anerkennung erhielt, die ihrer jahrzehntelangen Treue gebührten. Ein erstes Aufflackern des Ifertener Streits, der ihre Person mithineinzog, wurde durch die Vermittlung der Frau Pestalozzi kurz vor ihrem Tode noch einmal beigelegt[8]). Lisabeth ließ sich begütigen; denn sie erkannte, Pestalozzi sei das schwache Werkzeug in der Hand seiner

---

1) Nach den Worten der Frau Pestalozzi, Tgb., S. 75.
2) Am 31. III. 1802 (P. i. B., Taf. 149).
3) Morf II, 170 f.; P.-B. XXII, 35.
4) August Israel: Pestalozzis Institut in Iferten. Beiträge zu seiner näheren Kenntnis aus den nachgelassenen Papieren Dr. Karl Justus Blochmanns. In: Beiträge zur Lehrerbildung und Lehrerfortbildung, hg. von Karl Muthesius, H. 20, Gotha 1900. S. 81.
5) Morf III, 263.
6) E. Bl. 135 f. — P. i. B., Taf. 149. — 7) Jacqui.
8) Morf IV, 357 f.; 420 ff. (1814).

ihm über den Kopf gewachsenen Mitarbeiter geworden[1]). Aber ein paar Jahre später verläßt sie im Zorn das Haus, da sie, die Alte, Geprüfte, „nach ihrer Art, nicht ohne Empfindlichkeit" sich von den jungen Machthabern benachteiligt und zurückgesetzt glaubt[2]). Man ahnte, wie unglücklich sie sich fühlen würde, fern von dem Felde ihrer Lebenstätigkeit und den Menschen, denen ihr Herz gehörte; Pestalozzi bittet sie auch herzlich und dringend im Gedenken an alle Hilfe, die sie ihm ein Menschenleben hindurch geschenkt hat, nun auch demjenigen zu vertrauen, der jetzt ihre Stelle einnähme[3]); aber nach vielfachem unerquicklichen Hin und Her kommt es doch zum endgültigen Bruch, und die gekränkte, alte Frau zieht ihrem hilflosen und pflegebedürftigen Sohne zulieb, von dem sie sich nicht zu trennen vermag, ins Armenhaus nach Gais — der Heimat des schon lange verstorbenen Mannes —, wo sie nach stillen Jahren der Zurückgezogenheit in hohem Alter ihr tatenreiches Leben beschloß[4]). Den Groll auf die junge Generation, die sie aus ihrem liebgewordenen Lebenskreis verdrängt hatte, vermochte sie nie zu verwinden[5]); aber tiefes Erbarmen mit dem alten, irregeleiteten Pestalozzi und verehrungsvolles Gedenken an die teuren verstorbenen Frauen waren ihre letzten Empfindungen. — Das war das Leben der Frau, die von der Mit- und Nachwelt[6]) als das Urbild der Gertrud gerühmt wurde.

Unsere Aufgabe ist es, die Berechtigung der Auffassung zu prüfen, die in Lisabeth die Verkörperung der Gertrud erblickt; denn es ergibt sich nun die Frage, ob Pestalozzi nach den schweren Neuhof-Erlebnissen das Ideal einer Frau, das ehemals Anna Schultheß für ihn bedeutete, nun in einer

---

[1]) „Es ist Schad, das der gute alte Mann sich so misbrauchen läßt, es liegt alles darinnen eine neüe Aufforderung an uns, seine Sache und seine Ehre, so viel als es noch möglich sein mag zu retten, ich werde darzu beitragen, was jmer von mir abhangen mag" (o. J. — Ms. Pestal. 861).

[2]) Ms. Pestal. 550 a. Ratsherr Vogel an Gottlieb (1820).

[3]) (Schmid) E. Bl. 126 ff.

[4]) † 22. II. 1836 (P.-B. XXII, 37).

[5]) E. Bl. 131 f.: An ihren Schwager (1824). — Ms. Pestal. 861: An Frau Imhof-Frölich (1825).

[6]) Schon Muralt vermerkt in seinem Tagebuch (unter dem 20. XII. 1804) über Lisabeth: „Die Gertrud soll ganz außerordentlich sein" (P.-B. II, 11). — In der Pestalozzi-Literatur wird diese Auffassung vertreten z. B. von Otto Hunziker: Zur Entstehungsgeschichte und Beurteilung von Lienhard und Gertrud. Separatabzug aus der Jubiläumsausgabe. Zürich 1896. S. 33 f. — Natorp, a. a. O. S. 82 ff. — Wilhelm Schäfer: Lebenstag eines Menschenfreundes. München 1916. S. 199 f. — Gerlach, a. a. O. S. 71. — Wilhelm Rost: Pestalozzis Lienhard und Gertrud. Diss. Leipzig 1909. S. 157. — U. a. m. — Vgl. Kr. A. II, 465.

anderen Frau erblickt, die jünger, frischer, tatkräftiger und fraulicher das Schicksal beherrscht, ohne sich von ihm überwältigen zu lassen, oder ob sich vielleicht sein Frauenideal selber gewandelt hat. Hat sich seine produktive Kraft von der gebrochenen Gattin abgewandt, und ist er ihr so im Innersten untreu geworden, oder hat s i e nicht gehalten, was sie versprochen? Ist Lisabeth an ihre Stelle getreten? — Wird es überhaupt möglich sein, das Vorbild der „großen Mutter" in einer bestimmten Frau seines Lebenskreises zu finden, oder steigt das Ideal aus verborgenen Schichten herauf, die weit über Anregung und Einfluß hinweg ins „Reich der Mütter" hinabreichen? Es wird sich zeigen, daß wir die Tiefe des Pestalozzischen Frauenideals erst dann völlig ermessen können, wenn wir es mit dem Mittelpunkt seiner Pädagogik überhaupt in Beziehung setzen. Vorerst aber müssen die Frauen gezeichnet werden, die für die Konzeption der Gertrud eine Rolle gespielt haben.

Zunächst ist ja augenfällig, daß schon die Wahl der Namen (der Roman hieß in der Ankündigung der Ephemeriden von 1780 „Leonhard und Elise"[1]), und in den katechetischen Gesprächen über das Volksbuch kehrt der aufgegebene Name Else wieder) auf Lisabeth hindeutet und das unmittelbare Zusammenfallen ihres Auftretens mit der Schöpfung des Romans und Pestalozzis hohe Worte über ihre Persönlichkeit den Schluß nahelegen, sie habe das Vorbild für die Gertrud abgegeben. Andererseits ist verwunderlich, daß Pestalozzi die Freundin in keiner seiner autobiographischen Schriften, vor allem nicht im Schwanengesang, als Anregerin seiner Frauengestalt erwähnt. Sollte dies aus der Spannung zu erklären sein, in der Pestalozzi und Lisabeth in den letzten Jahren miteinander lebten, oder aus der Tatsache, daß dem Greise die Bilder seiner Jugendzeit lebendiger vor Augen standen und spätere Eindrücke verdrängten? —

Schon bald nach der Herausgabe von „Lienhard und Gertrud" lehnte Pestalozzi jedes Suchen nach Modellen für seine Charaktere entschieden ab und lachte über tausenderlei Mutmaßungen, weil er sich zum Gesetz gemacht hätte, „glatterdings nie einen Karakter also zu zeichnen, daß er im ganzen und ohne Ausnahm auf eine mir bekannte Person passen könnte"[2]). Seine Quellen liegen tiefer. Er schafft aus seinem Innern und gestaltet mit schöpferischer Kraft das

---

[1]) Herbert Schönebaum: Der junge Pestalozzi. Leipzig 1927. S. 96.
[2]) Kr. A. VIII, 219.

Idealbild einer Frau, wie es in seiner Seele lebt[1]). Die schweren Neuhofjahre haben einen eigentümlichen Reifungsprozeß eingeleitet, an dessen Ende die Erkenntnis von der Würde der Frau steht. Es läßt sich geradezu eine Chronologie seiner frühesten Schriften nach dem Auftreten und der Bedeutung der Frau als Mutter herstellen: Noch in der „Abendstunde" findet die Verherrlichung des „Vatersinns"[2]) ihren beredtesten und schönsten Ausdruck; aber obwohl sich die Lebenskreise enger und enger schließen und um die Familie herumlagern, verlautet doch von der Frau noch kein Wort. Das Weib wird in dieser Periode noch mit dem Schlaf zusammen zu der „Kopf- und Herzensbefriedigung"[3]) des Mannes gerechnet; und noch ist Pestalozzi überzeugt, daß die Möglichkeit der Ausführung eines Volksbuches „gänzlich auf den Grund des ganz empfundenen Vaterverhältnisses gebauet werden muß"[4]). In „Boono und Nelli", einer der frühesten Vorstudien zu „Lienhard und Gertrud", erscheint bereits die Frau als standhafte Dulderin; im „Baurenschuhmacher", der künstlerisch wertvollsten Novelle, steht sie an der Seite des Mannes in ihrer Sorge für Pflege und Erhaltung des „Vorhandenen". Bis hierher ist ihre Haltung durchaus passiv. — Einen weiteren Schritt tut „Der gute Jacob, wie er seinen Sohn lehrt". Die Wohnstubenerziehung der Elsbeth (!) ist die unmittelbare Vorstufe der Tätigkeit Gertruds, die endlich den Höhepunkt der Entwicklung darstellt. Der Vatersinn Arners bildet nun nicht mehr den engsten Kreis, sondern erst die Übertragung der mütterlichen Fürsorge auf ein ganzes Dorf. Je genauer Pestalozzi die „Bahn der Natur" verfolgte, desto klarer wurde ihm, die „näheste Beziehung" des Menschen sei die zwischen Mutter und Kind. Diese Erkenntnis muß ihm unmittelbar vor der Niederschrift des „Guten Jacobs" aufgeleuchtet sein[5]). Wodurch sie hervorgerufen wurde? Jedenfalls nicht primär durch äußere Anregungen und Einflüsse. Sondern gerade umgekehrt: das Entscheidende ist die innere Bereitschaft, die ihm die Augen öffnete, zu sehen. Die Leiden seiner Frau, die er liebte, an denen er sich tief schuldig fühlte, und die Selbstvorwürfe, ihr Versagen herbeigeführt zu haben, mögen ausschlaggebend zu dieser Wesensschau beigetragen haben. In ihren Kämpfen er-

[1]) Ähnlicher Auffassung sind: Niederer-Kasthofer in „Frauenfeier", a. a. O. S. 16. — J. C. Mörikofer: Die Schweizerische Literatur im 18. Jahrhundert. Leipzig 1861. S. 417. — Paul Haller: Pestalozzis Dichtung. Diss. Zürich 1914. S. 63 f.

[2]) Kr. A. I, 209. — [3]) Kr. A. I, 201.

[4]) Kr. A. I, 180. — [5]) Kr. A. VIII, 38 ff.

blickte er nicht nur die Grenzen, sondern in positiver Korrelation zugleich auch die Möglichkeiten einer Frauenseele; und so sieht er nun plötzlich, wo er hinblickt, die segenspendende Tätigkeit einer weisen guten Mutter in ihrem Kreis. Die „Vorsehung" führte ihm eine selten große Zahl edler und aufopferungsvoller Frauen in den Weg, obwohl es kein Zufall ist, daß sie ihm begegneten; denn er verstand, sie zu sehen und aus ihnen herauszuholen, was — oft unerweckt — in jeder Frau schlummert.

Da war Frau Sarasin[1]) in Basel, die Schwester Battiers, eine Frau von hohem Liebreiz und empfindsamer Seele und doch zugleich von festem, starkem Sinn und offenem Blick[2]). Durch die erstaunlichen Heilerfolge mit Magnetismus, die Cagliostro an ihr erzielte[3]), erlangte sie weit über ihre Vaterstadt hinaus eine sonderbare Berühmtheit; Pestalozzi aber und auch Frau Anna hatten sie noch in ihren gesunden Tagen kennen und schätzen gelernt, als sie mit ihrem Gatten von der Tagung der Helvetischen Gesellschaft in Schinznach aus dem Neuhof einen Besuch abstattete[4]). Seit diesem Augenblick datiert die Freundschaft der beiden Ehepaare, die Pestalozzi wiederholt in das großzügige, gastfreie „Weiße Haus" zu Basel führte, wo er den tiefsten Eindruck von dem Walten der Frau Gertrud als Ehefrau und Mutter empfing. Das „Erhabene Mitgefühl — das Sie so schön in ihrer Hütte sterken und erhalten —", schreibt er dem Freund, „bleibe Ewigkeitstheil Ihres Hauses — und es wird nicht weichen können — denn Ihre Geliebte gründet es tief und stark in die Erste Enthüllung der Kräfte Ihrer Kinder. — O Sarasin, wie ich mit einer Empfindung aus Ihrem Hause gieng — und Sie segnete —!" Trotz ihrer Krankheit ist er überzeugt, daß Gott diese Mutter nicht sterben lassen könne, „den Sie ist unersezlich, Ihren Kindern ist sie unersezlich — Sarasin, das habe ich gesehen — und so gesehen — daß ich sagen darf, ich habe es gesehen[5])..." — Ihre Gestalt hat ihn wahrscheinlich zur endgültigen Wahl des Namens Gertrud für seine Heldin bestimmt.

Auch bei Iselin konnte er erfahren, „daß Weib und Kind den Menschen am vorzüglichsten zu wahrer glücklichmachen-

[1]) 1752—1791.

[2]) K. R. Hagenbach: Jakob Sarasin und seine Freunde. In: Beiträge zur vaterländischen Geschichte, Bd. IV, Basel 1850. S. 14. — Emil Schaub: Jakob Sarasin. In: Geschichte der Familie Sarasin in Basel. Basel 1914. Bd. I, S. 252. — Franz Fäh: Heinrich Pestalozzis Beziehungen zu Basel. Basel 1895. S. 22 f. — Kehr XVIII, 90 ff. — Ihr Bild vgl. bei Schaub, Bd. I, Taf. 17.

[3]) 1781. — Vgl. S. 73.

[4]) 1777. — Kehr XVIII, 90. — [5]) Kehr XVIII, 91 ff.

der Weisheit emporheben"[1]). — Und dann kam Lisabeth auf den Neuhof. Der Eindruck ihrer Persönlichkeit auf Pestalozzi hat wohl den letzten unmittelbaren Anstoß zur Konzeption seiner Frauengestalt gegeben. —

Ihr Erscheinen bewirkte aber noch Erstaunlicheres: es erhellen sich plötzlich Gestalten vor seiner Seele, die er bisher unbeachtet hingenommen und die sein Kinderleben in ungeahntem Glanze erstehen lassen. Auch in seinem eigenen Mutterhause sieht er die treue Magd neben der Hausfrau stehen, eine seltsame Duplizität der Fälle; und wie eine Offenbarung leuchtet ihm die Gewißheit auf und erhebt sich zu großartiger Bedeutsamkeit, daß in dieser von Frauen behüteten Wohnstube die Wurzeln seiner Liebeskraft lägen, die er nun über die Welt ausspenden möchte. Aus den positiven Erlebnissen seiner Kindheit gestaltet sich die Gesamtheit seiner Pädagogik; von dieser Tatsache hat alle Erkenntnis Pestalozzis auszugehen. Die Mutter und das Babeli[2]) erheben sich nun zu hoher Bedeutung für das Werk Pestalozzis; ihre Gestalten nehmen neue Form an, Traum und Wirklichkeit verweben sich und beider Wesen vereinigen sich mit dem der jungen Frauen und leihen der Gertrud ihre Züge.

In ergreifenden Worten hat Pestalozzi zum Ausdruck gebracht, was das Babeli ihm gewesen[3]). Ehrfürchtigere Dankeshymnen sind wohl keiner Magd je gesungen worden.

---

[1]) Kr. A. VIII, 222 f. — Kehr XIII, 98; 185; 192. — Vgl. das Bild der Frau Iselin in: P. i. B., Taf. 44.

[2]) Barbara Schmid von Buchs (1720—1788) „hat 41 Jahre treu und redlich gedient bei Frau Pestaluzin bei der Treu", steht im Kirchenbuch von St. Leonhard (P.-B. XII, 51).

[3]) XII, 414 f. — Ms. Pestal. 300 I, 4, Bl. 25:

„Ich sehe mit himlischer Wone
nach dir —
du durch Leiden Verklärte; [seine Mutter]
auch die *treue* Gefahrtin
deiner Leiden
auch deine Magd,
die unvergeßliche,
⟨sie⟩ die Gott diente
und dir
und mich erzog
und bey uns blieb:
arm, bey uns Armen,
bis in den Tod,
dem Wort getreü
das sie dem Vatter gab
bey seinem ⟨frühen⟩ Sterben,
auch sie, deine Barbel,
steht hinter dir
wie im leiblichen Leben..."

In einem hohen Lied der Treue stellt er den edlen Geist ihrer Aufopferungskraft den Großtaten der Schweizer Väter gleich, deren Einsetzen für Religion und Freiheit, Wahrheit und Recht das Vaterland gerettet hat. Das Wort der Treue, das sie seinem Vater gegeben habe, die Kinder nicht zu verlassen, sei das Wort der Männer vom Rütli, die sich geschworen hatten, ihre Heimat zu verteidigen. Und so wie das Volk gesichert und befriedigt unter dem Schutze seiner Verteidiger blühte und gedieh, so sei auch der Knabe im Schoß der fürsorglichen Magd behütet und geborgen herangewachsen, unbewußt glücklich hinnehmend, was so anspruchslos gegeben wurde. — Daß es eine niedere Magd war, die diesen hochherzigen Sinn bewies, das bewegte den Erkennenden in besonderem Maße und erfüllte ihn mit hoher Achtung für die Menschennatur auch beim Niedrigsten im Volke. *Hier liegt die Quelle seines Bemühens, das Göttliche im Herzen der Menschen auch beim Ärmsten und Verachtetsten zu entbinden.* Aus den rauhen Händen einer einfachen Magd war die zarte Seele eines Propheten hervorgegangen; aus der ärmlichen Hütte einer Maurersfrau läßt er daher den Geist der Beruhigung und der Kraft ausgehen, der ein ganzes Dorf und einen ganzen Staat veredelt. Er trägt damit den Dank an seinem Volke ab, das ihm den Geist der Reinheit und der Güte in einer niederen Magd von Kindesbeinen an lebendig erschlossen hat. „Was Gott mir zur Weckung des Guten, das in mir lag, mir durch mein Leben vor Augen stellte, es war das Gute einer armen Magd, in deren Geist und Kraft, in deren Tun und Leiden ich den Geist und die Kraft, das Tun und das Leiden der Niedrigsten im Volke lebendig anschaute . . . Gott rettete mich, meine Mutter und meine Geschwister durch seinen Geist, wie er in hoher Reinheit im niedern und verachteten Volke wehet, — was wäre ich, wenn das Gute, das aus der Tiefe des Volkes so wohltätig auf mich wirkte, mich nicht zu einem höhern Glauben an die Kraft der Menschennatur auch im Verlassenen und Armen und dahin emporgehoben hätte, dem Armen im Lande wiedergeben zu wollen, was ich von ihm selber empfangen, und ihm durch mein Leben bis an mein Grab die Hand der Liebe zu bieten, wie er mir durch sein Leben bis an sein Grab die Hand der Liebe geboten hat[1]).“

Aus solchem tiefen Erleben heraus wurde in der Gertrud ein Idealbild gezeichnet, wie es nur die frommen Hände eines

---

[1]) P.-B. X, 45 ff.

so kindlich Gläubigen von der Reinheit Pestalozzis zu schaffen vermögen. In dieser weltlichen Mariengestalt vereinigen sich die Züge Babelis mit denen Lisabeths, der zweiten getreuen Magd, und erhellen einander gegenseitig, so daß es ihm fast scheint, als wäre die alte Kinderfrau selbst von neuem zu ihm gekommen, ihn zu retten; die alte und die junge Frau Pestalozzi werden ihm Mutter und Gattin zugleich; all die Frauen, die ihm im Leben nahegekommen sind, schenken ihm ihr Bestes für sein Werk. Sie sind es und sind es doch wieder nicht, die in der Gertrud auferstehen; das Tiefste erschaut er in seinem Innern und stellt es als unvergängliches Zeugnis seiner Dankbarkeit für ihre Aufopferung und Güte für die Ewigkeit aus sich heraus.

Was bleibt danach als Anteil der Frau Anna an der Konzeption der Gertrud? Einzelheiten in der Ausmalung eines Frauencharakters und lebendiger Eheszenen hat sie ihm viel geliefert[1]); wer sieht sie nicht leibhaftig vor sich, wie sie — bei dem köstlichen Vorfall mit der Schnabelgritte — ein wenig spöttisch-mitleidig die Nase rümpft, weil der „gute Narr" sich wieder einmal hat übertölpeln lassen[2])? — Aber das ist hier nicht gemeint. Vielmehr gab sie ihm, was nur die Geliebte dem Mann zu schenken vermag: sie erschloß ihm die Seele der Frau. Weil er sie kannte, kannte er sie alle, und weil er sie liebte, glaubte er sie alle liebenswert. Er sah sie auch fernerhin so, wie er sie als Geliebte einst gesehen hatte, und wie ihr Bild sich in ihm gefestigt hatte über die Verwirrungen der kritischen Jahre hinweg. Erst die Vereinigung mit ihr hatte ihn dazu befähigt, das, was als Urbild in seiner Seele schlummerte, mit schöpferischer Kraft aus sich herauszustellen, und was er in seinem eigenen Hause unter den Trümmern der Zerstörung nicht mehr fand, ins Ideale gesteigert im Reiche der Dichtung erneut wiederaufzubauen. — So vollzog sich die Wandlung von Anna Schultheß zu Gertrud.

---

[1]) Z. B. Frömmigkeit, Kr. A. II, 17; 55; 113; 149 f.; 155.
Einfachheit, Kr. A. II, 15.
Korrektheit, Kr. A. II, 55; 142.
Warnungen, Kr. A. II, 15; 56.
Rechnungssinn, Kr. A. II, 54.
Züge ihres persönlichen Lebens im elterlichen Hause, V, 153; 232.
des eigenen Ehelebens, V, 21; 45 f.
Annas Spinnstube auf dem Neuhof, Kr. A. III, 30 ff. —
Sie liegen auch für Lisabeth auf der Hand:
Tatkraft, Kr. A. II, 15; 245 ff.
Bescheidenheit, Kr. A. II, 19 u. a. m.

[2]) Kr. A. II, 269 ff.

Es ist notwendig, die Gestalt der Gertrud[1]) selbst in kurzen Zügen zu charakterisieren, um sie mit Pestalozzis Frauenideal aus der Brautzeit zu vergleichen und die Entwicklung festzustellen. Und dann muß sie noch einmal, und diesmal nach inhaltlichen Gesichtspunkten, Anna, wie sie war und wie sie ist — denn auch sie hat sich ja verändert —, gegenübergestellt werden; erst dann wird sich endgültig entscheiden lassen, welche Bedeutung ihr für die Ausgestaltung der Gertrud zuerkannt werden darf.

„Ich möchte so gerne viel von dieser Frau reden, und weiß so wenig von ihr zu sagen"[2]), klagt Pestalozzi und ist sich doch zugleich bewußt, damit das höchste Lob auszusprechen, das die Männer seit je den Frauen zu zollen wissen. Denn nicht ihr Tun, sondern ihr Sein ist es in erster Linie, das ihre Größe ausmacht. Auch die Gertrud läßt Pestalozzi nichts anderes tun als jede andere Frau auch; hätte man ihr den ganzen Tag zugesehen, man entdeckte nichts Besonderes an ihrer unauffälligen gleichmäßigen Tätigkeit[3]); und auch ihr selbst ist am wohlsten, wenn niemand viel von ihr spricht[4]); Bescheidenheit und Demut sind die Grundzüge ihres Wesens. „So gehet die Sonne Gottes vom Morgen bis am Abend ihre Bahn. Dein Auge bemerkt keinen ihrer Schritte, und dein Ohr höret ihren Lauf nicht; aber bei ihrem Untergange weist du, daß sie wieder aufstehen und fortwirken werde, die Erde zu wärmen, bis ihre Früchte reif sind[5])." Zuverlässige Treue ist das Größte an ihr; sie ist stets bereit für Hilfe und Zuspruch: ein beruhigender Gedanke für alle, die ihren Beistand brauchen. Reinheit des Gefühls und Unschuld des Herzens leuchten ihr aus den Augen; ihr Blick ist offen und ehrlich, ihr ganzes Wesen gerad[6]). Was die Männer in den

[1]) Die Literatur über Pestalozzis Idee der Wohnstubenerziehung ist sehr unergiebig. Vgl.: Wilhelm Gamper: Pestalozzis Idee von der Wohnstube. Zürich 1846. — Richard Schornstein: Pestalozzis Mission an die Mutter. Elberfeld 1856. — Heinrich Weitkamp: Pestalozzis Gertrud als Muster einer Mutter und Erzieherin. Bielefeld 1902. — Irene Sponner: Pestalozzis Frauengestalten In: Jahrbuch der Wiener Pädagogischen Gesellschaft 32, 1909. — W. Scherer: Pestalozzis Prinzip der Wohnstubenerziehung. In: Pharus, Jg. 8. Donauwörth 1917. — Elise Pfister: Die Mutter in Pestalozzis Lienhard und Gertrud. In: Heinrich Pestalozzi im Lichte der Volksbildungsbestrebungen der Pestalozzi-Gesellschaft. Zürich 1927. — Darüber ragen hinaus: Paul Natorp: Pestalozzi und die Frauenbildung. Leipzig 1905. — Gertrud Bäumer: Pestalozzis Bedeutung für die Frauen. In: Die Frau, Jg. 34. Berlin 1927. — Dieselbe: Pestalozzi und die Frauenbildung. In: Deutsche Mädchenbildung, Jg. 3. Leipzig 1927.

[2]) Kr. A. II, 279.

[3]) Kr. A. III, 54. — [4]) Kr. A. III, 23. — [5]) Kr. A. II, 280.

[6]) Vgl. das Gegenstück der Gertrud, die Sylvia, deren Eigenschaften, ins Gegenteil gewendet, einen guten Beitrag zur Charakteristik der Gertrud liefern (Kr. A. III, 246).

Tag hineinschwätzen, ohne etwas davon zu verstehen, das übt sie in aller Ruhe und Bestimmtheit mit Selbstverständlichkeit aus[1]). In die unscheinbarste Tätigkeit legt sie ihre ganze Seele; keine Arbeit ist zu gering, wenn sie in den Zusammenhang des Lebens eingeordnet wird; jeder Suppe, die sie kocht, und jedem Strumpf, den sie strickt, kann man es ansehen, daß Mann und Kinder ihr dabei nicht aus dem Sinn gekommen sind[2]).

Es ist die spezifisch weibliche Eigenart, dem Leben zu dienen und das Vielerlei der Erscheinungen auf eine Einheit zu beziehen, während für den Mann die Gefahr näher liegt, sich an das Einzelne und Gegenwärtige zu verlieren. Der Frau ist das Lebendige ein unverlierbares Gut; darum gibt sie sich nie so weit einer Sache hin, daß darüber ihr Menschentum in Gefahr geriete; oder umgekehrt: sie vermenschlicht auch die sprödeste Sache. Ihr Wesen ist Einheit gegenüber einer größer möglichen Gespaltenheit auf männlicher Seite; und da Pestalozzis Idee die Menschenbildung war, das heißt die Erziehung zur Totalität aller Kräfte, und da er diese Geschlossenheit in der Frau verkörpert fand, deshalb legte er die Erziehung in ihre Hand. Er verlangt damit ein entschiedenes weibliches Korrektiv der männlich organisierten Welt, das, konsequent fortgeführt, zu einer Durchdringung der männlichen mit weiblicher Kultur führen sollte[3]).

Was er in der Frau in besonderem Maße verehrte, war ihre so enge und unmittelbare Verknüpfung mit der lebendigen Natur, ihre besondere Nähe zu den Mysterien der Schöpfung und ihre tiefe Verbundenheit mit dem Urgrund aller Dinge. Sie weisen ihn darauf hin, sich in der Erziehung ganz dem Gange der Natur anzuvertrauen, und er schafft aus dieser Erkenntnis heraus die Gertrud, ein „reines Naturkind", das Bild der großen Mutter[4]).

Der Mann empfindet diese Allverbundenheit als Überlegenheit und fühlt sich ihr gegenüber besonders schuldig, wenn die Zwangsläufigkeit seiner natürlichen männlichen Entwicklung die Frau in dem ihr eigenen Lebensrhythmus gestört hat.

---

[1]) Kr. A. VIII, 269 f. — [2]) Kr. A. III, 23 f.

[3]) Helene Lange: Phasen des weiblichen Kulturbewußtseins, die innere Geschichte der Frauenbewegung. Berlin 1923, bezeichnet als das Ideal der Frauenbewegung die Objektivation des weiblichen Wesens: Eingliederung der spezifisch weiblichen Kräfte in das männlich durchorganisierte öffentliche Leben. — Vgl. von männlicher Seite her: Georg Simmel: Weibliche Kultur. In: Philosophische Kultur. Leipzig 1911. S. 278 ff.

[4]) XII, 435; 449.

Der Ausdruck dieses tiefen Schuldgefühls, das Pestalozzi seiner Gattin gegenüber Zeit seines Lebens in sich trug, ist die Gestalt des Lienhard. Er verkörpert das Unverständnis des Mannes für das innerste Erleben der Frau, die Quelle ihrer Leiden. Umgekehrt wird ihm gegenüber die Fähigkeit der Frau um so deutlicher, die Nöte des Mannes zu verstehen, sein Schicksal in ihre Hand zu nehmen und es zu leiten, vielleicht ohne sein Wissen und Willen. Gertrud ist also nicht die Gattin, die, alles billigend und alles verstehend, mit dem Manne mitlebt und mitdenkt, sofern der Anstoß von ihm ausgeht; auch nicht, wie Diotima, die Erzieherin, die kraft ihres emporbildenden Einflusses den Geliebten seiner eigenen Bestimmung zuführte. Pestalozzis Auffassung von der Frau geht darüber hinaus: er läßt sie aktiv in die Geschicke des Mannes, der Familie, des Dorfes eingreifen, *sie* übernimmt die Führung, und die Männer folgen *ihren* Anweisungen und *ihrem* Vorbild. *Die Frau als Bildnerin zu allgemeiner Menschlichkeit und Würdigkeit und als Erneuerin der Volkssittlichkeit aus der Kraft ihrer Einheitlichkeit und Naturgemäßheit heraus: das ist Pestalozzis Ideal.*

Er nennt diese Kraft, die immer dieselbe bleibt, so vielgestaltig sie sich auch entfaltet, immer wieder mit anderen Namen und stellt immer weitere Beziehungen in ihren Zusammenhang. Sie ist die „innere Ruhe“, das Fundament jeder Erziehungsmöglichkeit, der Mittelpunkt des Wesens in sich selbst, Quelle und Folge des Glaubens an Gott; sie ist auch Voraussetzung für die gleichfalls religiöse *irdische* Haltung der Frau: für ihre Liebestätigkeit. Die schenkende, hingebende, demütige Liebe, die sich selbst aufgibt und sich hinabneigt zu allen, die der Hilfe bedürfen: die Caritas sieht Pestalozzi als ihren edelsten Teil am reinsten in der Frau ausgebildet. Ihre Liebe besteht nicht „in Einbildungen und Worten“, sondern darin, „die Last der Erden zu tragen, ihr Elend zu mildern, und ihren Jammer zu heben“[1]). Ihr Sorgen, Pflegen, Tragen ist aber letzten Endes nichts anderes als schönster Ausdruck ihrer weiblichen Bestimmung überhaupt: ihrer *Mütterlichkeit*.

Alle Liebestätigkeit nimmt von der ewigen Naturkraft des Muttersinnes ihren Ausgang und mündet hier wieder ein. Pestalozzis Glaube an die Frau als Mutter ist unerschöpflich.

---

[1]) Kr. A. III, 437.

Er sieht das Kind ihr zum höchsten Lebenszweck und zum übergreifenden, überpersönlichen Sinn ihres Daseins werden, und das Wunder scheint ihm groß und unbegreiflich, wie das Sinnlichste in das Sittliche, das Gattungsmäßige in das Individuellste, das Naturhafte in das Persönlichste sich wandeln kann. Er sieht auch, daß die Frau nicht nur Mutter ihres Kindes, sondern alles Lebens überhaupt ist; auch den Mann umfaßt sie mit mütterlicher Güte. Und darüber hinaus sieht er sie ihre Fürsorge richten nicht nur auf diesen oder jenen Einzelmenschen; so wie das Leben des Individuums aus ihrem Schoß hervorgeht, so läßt er auch das der Gemeinschaft aus ihrer Liebeskraft herauswachsen: der Familie, die *sie* schafft und deren Mittelpunkt sie ist; der Gemeinde, deren Mittelpunkt wiederum die Familie bildet, und schließlich des Staates, der sich um sie alle herumlegt wie ein Ring um den anderen.

In der Aufdeckung dieses Stufenganges im Leben der Frau hat sich Pestalozzi eng an die „Bahn der Natur" angeschlossen; nun versucht er, die näheste Beziehung des Menschen, das Mutter-Kind-Verhältnis, *pädagogisch* auszuwerten, indem er alle Erziehung an den Mittelpunkt bürgerlicher Lebensbeziehung, die Wohnstube, anknüpft. Er nennt sie den Feuerherd der Seele oder das Nest des Vogels oder die Krippe zu Bethlehem, um die Innigkeit warmer Geborgenheit zart genug auszudrücken, und setzt seine Lebenskraft daran, aus der jahrhundertealten *Sitte* der Familienbildung das *Sittliche* dieser natürlichen Lebensgemeinschaft herauszuholen. Es scheint ihm dies nur dann möglich, wenn die Frau den despotischen Patriarchalismus bricht und die Gestaltung des häuslichen Lebens selbst in die Hand nimmt.

Wenn behauptet worden ist, Pestalozzi habe mit dieser Belebung der Wohnstube die Anknüpfung an die Volksbildungsarbeit der Reformation, nämlich an das evangelische Hauspriestertum vollzogen[1]), so gilt dies doch nur mit einem charakteristischen Unterschied. Wohl dient auch für Luther die Familie zur Grundlage des Staates, aber sie ist eine patriarchalische *Mannes*herrschaft, der die Frau sich bedingungslos unterordnen muß, da der Gatte ihr von Gott als Obrigkeit gesetzt ist[2]). Bei Pestalozzi aber nimmt, wie wir sahen, *die Frau* in der Familie die entscheidende Stellung

---

[1]) Delekat, a. a. O. S. 215.

[2]) Im Calvinismus nimmt die Frau als Helferin und Genossin des Mannes eine selbständigere Stellung ein (Calvin: Briefe, Bd. I, 351; 369). In diesem Falle also folgt Pestalozzi der reformierten Tradition, wenn er auch sonst wenig calvinistische Züge aufweist.

ein, und vor allem: — sie bleibt nicht auf ihr Haus beschränkt. Sie erweitert ihre Wohnstube schon dadurch, daß sie sie zur Arbeits- und ersten Berufsstätte umwandelt und fremde Kinder mit hineinbezieht; und sie wirkt ferner über den Bereich ihres Hauses hinaus, indem sie den Einfluß sorgfältigen Arbeitsfleißes durch die von ihr angeleiteten Kinder auf die Väter erstreckt und die Einrichtung ihrer Wohnstube zum Vorbild für die gesamte ländliche Arbeitsorganisation erhebt. Darüber hinaus greift sie mit ihrem schweren Gang zur Obrigkeit aktiv in die öffentlichen Angelegenheiten ein und gibt dadurch den ersten Anstoß zu einer völligen Neugestaltung der verwahrlosten dörflichen Verwaltung. Durch diese staatsbürgerliche Handlung erhebt sie sich zur direkten Nachfolgerin der Stauffacherin, einer politischen Frauengestalt, die in der schweizerischen Volkssage unvergessen lebt. Möglich wird ihr diese Tat nur aus dem unumstößlichen Glauben an eine gerechte Weltordnung und aus der Überzeugung ihrer Notwendigkeit im allgemeinen Interesse. Denn durch das eigene Erleben der Mutterschaft, das sie in die Kette der Generationen eingliedert, gewinnt sie ein inneres Verhältnis zur Volksgemeinschaft und fühlt die lebendige Verpflichtung, verantwortungsbewußt für das Ganze einzutreten. — So weist sie den Weg von der Elternschaft zur Bürgerschaft und die Möglichkeit eines Hinaustretens über den engen Rahmen der Familie um der Gesellschaft willen ohne Verletzung ursprünglicher Bindungen in fruchtbarer Durchdringung der weiteren Kreise mit dem Geiste des inneren. Die Trilogie der Pestalozzischen Bildungsidee: Wohnstube — Arbeitsschule — Volksstaat ist somit in der Gestalt der Gertrud vollkommen, das heißt organisch aus der Einheit ihrer Persönlichkeit herauswachsend, dargestellt. Sie ist demnach kein realistisches Konterfei einer Einzelpersönlichkeit aus Pestalozzis Lebenskreis, sondern vereinigt in sich die idealen Fähigkeiten und Möglichkeiten des ganzen weiblichen Geschlechts; sie ist das „Meisterweib, wornach sich alle modeln wollen“[1]).

Besonders aufschlußreich zur Erkenntnis der großzügigen Unabhängigkeit des Pestalozzischen Frauenideals ist der Vergleich mit dem der geistigen Strömungen seiner Zeit. Seit dem

---

[1]) Kr. A. III, 273. — Den realistischen Blick Pestalozzis für die Gegebenheiten des Alltags beweisen — außer den weiblichen Nebenfiguren in „Lienhard und Gertrud“ — seine späteren Aufzeichnungen über „die Weiber“ (Kr. A. IX, 306 f.; 218); demgegenüber ist Gertrud die Personifikation des unverwüstlichen Glaubens eines Pädagogen an die Möglichkeit des Ideals: an das Weib.

Beginn des „empfindsamen“ Zeitalters steht ja die Frau im Mittelpunkt der Dichtung, und der deutsche Idealismus hat für die Entdeckung des weiblichen Menschen und die Entwicklung der weiblichen Persönlichkeit eine erhebliche Bedeutung. Aber er bleibt bei der Kultivierung der Einzelpersönlichkeit stehen und betont lediglich ihren individuellen Wert. Er kennt die Frau vorwiegend nur als Geliebte, das heißt in Beziehung zum Mann und als passiv Hinnehmende. Die Form des klassizistischen Ideals der weiblichen Persönlichkeit, die Harmonie aller Eigenschaften und Kräfte oder die schöne Seele übernimmt zwar Pestalozzi auch; aber die harmonische Persönlichkeit ist ihm nicht letztes Ziel, sondern nur Voraussetzung für ihre volksbildende Tätigkeit. Auch über seinem Werk weht der Geist der Liebe; aber es ist nicht Eros, sondern Caritas, die Liebe einer Mutter, die er in Gertrud verherrlicht. Er ersehnt die Frau nicht für sich selbst, sondern für das Volk; das ist der Unterschied.

Auch die romantische Frau mit ihrer Emanzipation des Herzens und Verstandes, für deren geistige Ebenbürtigkeit sich Schleiermacher eingesetzt hat; und auch die kultivierte Weiblichkeit einer Karoline von Humboldt und der Damen der literarischen Salons verbleiben in der individuellen, persönlichen Sphäre und versinken vor der sozialen Kraft Gertruds, dieser erdgeborenen Frau, die nicht die göttliche Maria ist und nicht die pflichttreue Martha, sondern die Himmel und Erde aneinanderknüpft, wie es später Fröbel erschaute.

Wie sehr sie ihr ganzes Zeitalter Lügen straft, erhellt am besten ein letzter Hinblick auf Julie und Sophie, die Frauengestalten von Pestalozzis einstigem Meister. Rousseau hat bei der Proklamierung der Menschenrechte offenbar die andere Hälfte der Menschheit vergessen, denn die Frau besitzt in seinem Staat nicht nur keine Rechte, sondern auch nicht einmal Pflichten. Ihr wird der Maßstab von außen angelegt; sie ist „von Natur“ dem Manne untergeordnet: „spécialement faite pour plaire à l'homme“. Dadurch verliert sie ihr Zentrum in sich selbst und also jede produktive Kraft zu segenbringender Tätigkeit.

Pestalozzis Wort über Rousseau erleuchtet blitzartig den Urgrund ihrer verschiedenartigen Auffassung vom Wesen der Frau durch Aufdeckung ihres verschiedenen häuslichen Entwicklungsganges. „Von den Heerscharen, die in akademischen Sümpfen ersticken, bis auf den Träumer, der in den Armen der Frau von Warens das Pflichtgefühl für ein ordentliches Leben und einen häuslichen Beruf in sich selber verdunkelte, und hiermit die Grundlagen der Leiden seines Lebens legte, bis auf ihn hinauf, auf den in seinen Anlagen so edeln und großen, aber vom Mangel gänzlicher häuslicher Ausbildung so sehr in seinem Innersten erniedrigten, zerschlagenen, gekränkten, unbefriedigten, unerrettbaren, und in jeder Höhe seines Lebens so unaussprechlich tief leidenden Rousseaus; bis auf ihn hinauf redet die Geschichte der Menschheit allenthalben laut: — Wer nicht in seiner Jugend in den festen Schranken eines ordentlichen Hauses gewandelt, und nicht von seinen Eltern zu seinem Nahrungserwerb sorgfältig angeführt, vorbereitet, und ausgebildet worden; der wird sich mit allem Guten und allen Anlagen, die er haben mag, auf einen mißlichen Fuß in diese arme Welt hineingeworfen sehen[1])." — Frau von Warens und Babeli —; in die Gegenüberstellung dieser Frauen, die den Jünglingen richtunggebend waren, läßt sich der Gegensatz Rousseau — Pestalozzi zusammenfassen. —

Weit hat sich Pestalozzi von dem Manne entfernt, der ursprünglich seinen pädagogischen Enthusiasmus entflammte; beträchtlich ist dementsprechend auch die Entwicklung seines Frauenideals von der rousseauschwärmerischen Brautzeit bis zur Vollendung von Lienhard und Gertrud. Was Pestalozzi damals unvollkommen als „Unschuld" und „ländliche Einfalt" auszudrücken versuchte, kehrt nun als in sich ruhende, in sich zentrierte Persönlichkeitsgestaltung gereift wieder. Gegenüber dem Werden wird das Sein betont; das statische hat das dynamische Prinzip verdrängt. Das beruhigte, gleichgewichtige Schweben in sich selbst hat das zielgerichtete Streben nach Selbstvervollkommnung ersetzt. Die Frau reflektiert nicht mehr über die eigene Tugend, sondern veredelt sich in und durch ihre Tätigkeit. Die charakteristischen Züge des Mutes und der Tatkraft, der Größe und Entschlossenheit bleiben bestehen, aber das „männliche" Element wird gemildert. — Schon als Jüngling liebte Pestalozzi das über sich Hinausweisende in der reifen Frau; nun findet er den rechten Namen für diese Überlegenheit: er verehrt in ihr die Mutter alles Lebens. Damit verschwindet alles Herbe und Harte, und es bleiben die aktiven und produktiven Züge, die Leben schaffen und Leben erhalten.

Und Anna? — Es ist offenbar, daß sie mit dem Idealbild dieser späteren Jahre nur mehr wenig übereinstimmt. Trotz ihrer starken religiösen Bindung kann man von einem einheit-

[1]) Kr. A. VIII, 296.

lichen Mittelpunkt ihres Wesens in dem Sinne, wie Pestalozzi ihn meint, nicht reden. Das liegt in der Zweischichtigkeit ihres Charakters und seiner zielstrebigen Bewegung nach einem außerhalb liegenden Ideal begründet, einer psychologischen Struktur, die die jemalige Erreichung von „innerer Ruhe" unmöglich macht. Ihre eigene Persönlichkeitsbildung steht einer sozialen Einstellung stets hindernd im Wege. Selbstreflexion und Zerpflückung jedes Gefühls und jeder Handlung sind das genaue Gegenteil von Gertruds ursprünglicher Natürlichkeit; aristokratische Exklusivität verschließt sich von vornherein den Zugang zum Herzen des Mitmenschen. Zum niederen Volk hatte sie gar kein Verhältnis. Ihr fehlte die Mütterlichkeit, und diese war auch gar nicht einmal ihr Ideal. Wunschbildung und Schicksal — der Mangel einer heimatlichen Wohnstube und das Neuhoferlebnis — verbanden sich hier seltsam, Pestalozzis eigener Gattin das vorzuenthalten, was er als die höchste Kraft eines Weibes pries. — Frau Pestalozzi, wie sie zu jener Zeit wirklich war, kommt also für die lebendige Verkörperung von Pestalozzis Frauenideal nicht mehr in Betracht.

Damit ist ein hartes Urteil gefällt. Es verschärft sich noch durch den Hinweis darauf, daß auch an die weitere Mithilfe Annas bei Pestalozzis praktisch-sozialen Unternehmungen nicht mehr zu denken ist. Bedeutet das ihre völlige Ausschaltung aus Pestalozzis fernerem Lebenswerk? In der Tat scheint es fast so, als trennten sich hier ihre Pfade für immer, als ginge von nun an jeder innerlich und äußerlich seinen eigenen Weg. Sie ist in den nächsten zwei Jahrzehnten förmlich wie verschwunden, sie flüchtet vor der Welt und hat Jahre um Jahre nötig, um sich von dem Fall zu erholen. Auch für Pestalozzi ist die Zeit schwer und dunkel, und er erleichtert ihr das Dasein nicht, wenn er für Monate den Neuhof meidet, weil er den Jammer seines Hauses nicht ertragen kann. Aber wenn es auch oft so scheint, als verständen sie einander nicht mehr, weil sie in zwei Welten leben, die wie Himmel und Erde voneinander entfernt sind, und weil das Maß des Elends zuweilen so anschwillt, daß sie den Lauf der Welt nicht mehr begreifen, so halten sie einander doch — auch innerlich — unverbrüchliche Treue. Nur daß ihre Liebe kein Glück mehr ist, sondern eine Schicksalsverbundenheit; als solche aber unauflöslich.

3.

Die Stätte, die dem Umherirrenden eine heimatliche Zuflucht bot, und an der auch Anna ihre glücklichsten Zeiten verlebte, war Schloß Hallwil[1]). Die fast tausendjährige Wasserburg am Hallwiler See mit ihren dicken Mauern und breiten Wallgräben, Kerkern und Verließtürmen nimmt in dem an mittelalterlichen Burgen reichen Aargau noch heute eine hervorragende Stellung ein. Das Geschlecht von Hallwil hat seine Stammburg achthundert Jahre ununterbrochen bewohnt; seine Mitglieder haben sich in der helvetischen Geschichte als Vorkämpfer und Anführer der eidgenössischen Truppen in vielen Schlachten ausgezeichnet[2]). Noch im 18. Jahrhundert war Hallwil eine der wichtigsten und größten Freiherrschaften in Privatbesitz[3]).

Die Herrin des Schlosses zu Pestalozzis Zeiten war Frau Franziska Romana von Hallwil geb. Gräfin Hallwil aus einem österreichischen Zweige des Geschlechts[4]). Als sechzehnjähriges, bildschönes Mädchen wurde sie von dem jungen Schweizer Freiherrn von Hallwil auf höchst abenteuerliche Weise aus ihrem elterlichen Hause in Wien entführt. Um dem Kloster zu entfliehen, in das die böse Stiefmutter sie verbannen wollte[5]), und um ihren Kindern die Nachfolge im Fideikommiß zu sichern, trat sie kurz nach der heimlichen Trauung zum protestantischen Glauben über. Es waren ihr jedoch nur wenige Jahre glücklichen Ehelebens vergönnt, und auch diese wurden durch die Verfolgungen der Stiefmutter, durch Fluch, Haß und Enterbung beunruhigt. An zwei aufeinanderfolgenden Tagen verlor die Unglückliche die gütige Schwiegermutter und den geliebten Gatten[6]), der allem Anschein nach auf einer geheimnisvollen Reise in Wien vergiftet worden war. Da stand die einundzwanzigjährige Witwe mit drei kleinen Knaben und einem blödsinnigen, tobsüchtigen Schwager in den bedrängtesten wirtschaftlichen Verhältnissen auf ihre eigene Kraft angewiesen allein in der Welt[7]). Sie überwand jedoch einen leidenschaftlichen Schmerzensausbruch, der sie an den Rand des Todes führte, nahm ent-

---

[1]) P.-St. I, 62. — Kehr X, 117 f.

[2]) Helvetischer Calender auf das Jahr 1796, S. 17 f.

[3]) Johann Conrad Fäsi: Genaue und vollständige Staats- und Erdbeschreibung der ganzen Helvetischen Eydgenossenschaft. Zürich [2]1768 ff. Bd. I, 629 f.

[4]) 1758—1836.

[5]) A. E. Fröhlich: Franziska Romana von Hallwil. In: Schweizerisches Jahrbuch für 1857. Luzern 1856.

[6]) 1779.

[7]) Von maßgeblichen schweizerischen Persönlichkeiten, z. B. von Lavater (Ms. Lav. 563, Zentralbibliothek Zürich), wurde eine Versöhnungsaktion mit Wien eingeleitet, die aber wenig Erfolg zeitigte, obwohl sich sogar der Kaiser für die Angelegenheit einsetzte (Ms. Hallw. 3753, Staatsarchiv Bern).

schlossen die Leitung der Herrschaft in ihre festen Hände und führte sie als getreue Oberherrin in über fünfzigjährigem Witwenstande mit vorbildlicher Tatkraft und Klugheit.

Ihr persönliches Leben war auch fernerhin von schweren Sorgen überschattet. Die Söhne[1]) machten ihr viel Kummer. Als Kinder waren sie wild und ungebärdig, weil die junge Mutter in ihrem Witwenschmerz zwischen Vernachlässigung und stürmischen Verwöhnungen in der Behandlung hin- und herschwankte. Diese Ungleichmäßigkeit der Erziehung[2]) gefährdete sie ebenso schwer wie den ein wenig älteren Jaqueli Pestalozzi. Tüchtige Hauslehrer sorgten zwar für ihre geistige Bildung[3]), aber trotz aller Bemühungen entwickelten sich die jungen Männer zu leichtsinnigen Verschwendern und führten einen lockeren Lebenswandel, wie einst ihr Vater in seiner Jugendzeit. Von ihren ausländischen Kriegsdiensten[4]) wird nichts Erfreuliches berichtet; der eine Sohn bleibt einmal für viele Jahre verschollen[5]). Um die Erbschaft streiten sie sich vor den Augen der Mutter[6]); und diese verliert schließlich den Ältesten in der Blüte seiner Jahre[7]) und muß in ihrem Alter auch den Jüngsten sterben sehen.

War sie innerhalb der Familie mit Glück wenig gesegnet, so baute sie sich selbst in angeregtem geistigen Verkehr mit bedeutenden Männern und Frauen ihrer Zeit ein persönliches Leben auf, das sie über die vielen Enttäuschungen hinwegführte. An den literarischen und sozialen Bewegungen der Zeit nahm sie regen Anteil; besonders politisch aufgeklärten, ja sogar radikalen Staatsmännern wie Stapfer und Karl Victor

---

[1]) Abraham Johann (1776—1803); Karl Franz Rudolf (1777—1852), Marschall von Hallwil; Gabriel Karl (1778—1827), Oberstleutnant in niederländischen Diensten.

[2]) Pestalozzi machte seine Studien darüber (Kr. A. IX, 349 f.; 303).

[3]) Jeremias L'Orsa (1757—1837), später Pfarrer an der Nydeckkirche in Bern, „ein Freund der Herrnhuter" (W. Hadorn: Geschichte des Pietismus in den schweizerischen reformierten Kirchen. Konstanz-Emmishofen 1901. S. 447), mit dem sich auch Pestalozzi über Erziehungsfragen unterredete (Kr. A. IX, 304 f.; 396) und ein Isar (?) werden genannt (Ms. Pestal. 54 a, 281).

[4]) Es liegen Briefe Hardenbergs und Friedrich Wilhelms III. über die Aufnahme des jungen Hallwil in das preußische Heer vor (Ms. Hallw. 3753, Staatsarchiv, Bern).

[5]) Frau von Hallwil bittet Lavater, auf Grund seiner weitläufigen Beziehungen Erkundigungen über ihn einzuziehen (Ms. Lav. 510, Zentralbibliothek Zürich).

[6]) Korr.-Bl. 1878, 4.

[7]) P.-B. XXVI, 3 f. — Johannes von Hallwil starb 1802 in Paris, und Pestalozzi, der als Abgesandter der Helvetischen Republik gerade anwesend war, konnte ihm noch die letzten Stunden seines Lebens erleichtern. Er traf auch die Anordnungen zu der Beerdigung, vergaß aber vor Aufregung — die Bestellung des Grabes (P.-anum 1927, S. 43).

von Bonstetten, Zellweger[1]) und vielleicht auch Heinrich Zschokke, später auch Augustin Keller[2]) stand sie nahe, denn sie besaß einen freien, unabhängigen und vorurteilslosen Sinn, der sie von den Fesseln des Adelsstandes gelöst hatte. Ihr Geist, Herz, Bildung waren so bekannt[3]) wie ihre Schicksale; sie war, wie Pestalozzi von ihr rühmt, „in den Überwindungen geübt, über sich selbst Meister, gegen andere schonend, mit dem Außersten gutmütig, alles im Respect haltend"[4]). Ihr Wesen wirkte wahrhaft adlig; „Monarchengeist" beseelte sie. Sie besaß eine natürliche Macht über Menschen, die ihre edle Seele zum Guten anwandte: sie erkannte und wehrte jedem Fehler, noch ehe er zum Ausbruch kam, riet, half, richtete auf, machte alles um sich her froh, und „die Gesellschaft" folgte ihr. Obwohl sie selbst von sich behauptete, ihre ganze Stärke sei nur Klugheit, so war doch offenbar, daß nur die Großmut ihres Herzens und die Kraft ihrer Seele sie im Unglück nicht entwürdigen, sondern stets veredeln, sie über sich selbst hinausweisen und ihre Liebe anderen hingeben ließen[5]). Das Schönste an ihr aber war ihre Sorge für das Volk, die sie als Oberherrin einer Gutsherrschaft so naheliegend betätigen konnte. Die Armen und Bedrängten fanden stets ein lauschendes Ohr und eine offene Hand bei ihr, und unendlich groß ist die Zahl derer, denen sie ideelle und materielle Wohltaten erwiesen hat[6]). — Sie ist eine ansprechende, sympathische Persönlichkeit, und in dem klaren und eindringlichen Blick ihrer lebhaften Augen[7]) spiegelte sich in seltener Reinheit ihre „schöne, harmonische Seele"[8]).

Dieser ernste und gesammelte Ausdruck ihres innersten Wesens war es, der Pestalozzi zu Frau von Hallwil hinführte[9]), weil er die Vollendung „innerer Ruhe" in ihrer

---

[1]) Ms. Hallw. 3753, Staatsarchiv Bern.

[2]) Hans Lehmann: Führer durch das Hallwil-Museum. Zürich. S. 16. — Augustin Keller: Die Oberherrin von Hallwil und Pestalozzi unter den Kastanienbäumen. In: Heimatkunde aus dem Seetal. Seengen 1927. S. 44.

[3]) Helvetischer Calender auf das Jahr 1796, S. 17 f.

[4]) Kr. A. IX, 301; 323.

[5]) Kr. A. IX, 365; 410 (nach Pestalozzis Urteil).

[6]) Ihr Nachlaß im Hallwil-Archiv enthält zum großen Teil Dankschreiben von Patenkindern, Untergebenen, Gutsleuten, denen sie Wohltaten erwiesen hat. — Für weitere Erkenntnis ihrer Persönlichkeit ist er leider völlig unergiebig.

[7]) Vgl. ihr Bild in: P. i. B., Taf. 47.

[8]) Ms. Pestal. 300 I, 4.

[9]) Persönlicher Vermittler der Bekanntschaft kann sowohl der Pfarrvikar Steinfels von Seengen, ein „Patriot" und Pestalozzifreund (II, 10; 237; Kr. A. I, 385) und Verfasser der „Neuesten Geschichte der edeln Familie Hallwil im

Haltung erkannte. Er war es, der den edlen Anlagen der jungen Frau erst ihre eigentliche Richtung und ihre praktische Betätigungsmöglichkeit gab; seinem emporbildenden Einfluß hatte sie es vornehmlich zu verdanken, daß sie das wurde, was sie war.

Umgekehrt vermochte auch Pestalozzi nicht Dankesworte genug dafür zu finden, was Frau von Hallwil ihm gewesen sei. In schweren Zeiten machte ihre Nachbarschaft „eine der ersten Annehmlichkeiten seiner Lag'" aus[1]), denn mit ihr erörterte er soziale Probleme, die ihn dringend beschäftigten, besprach die Psychologie der Stände und ließ sich von ihr über das Wesen der vornehmen Leute aufklären[2]). Sie gab die Folie ab für seine Zeichnung des „adligen Fräuleins" nach der positiven und negativen Seite; er läßt sie an seinen politischen Grübeleien und Entdeckungen teilnehmen und berichtet ihr von seinen Reisen lebhafte Eindrücke und Erlebnisse in aus-

---

Kirchspiel Seengen, Berngebieths, 1781" (Ms. P. 6139, Zentralbibliothek Zürich; Grundlage zu A. E. Fröhlichs Lebensbild der F. R. v. Hallwil. Vgl. S. 103, Anm. 5), wie auch Pfarrer Roll von Seon, Annas Vetter (vgl. S. 39, Anm. 1), der Frau von Hallwil protestantischen Religionsunterricht erteilt hat, gewesen sein; oder der behandelnde Arzt Dr. Hotz oder Lavater. — Schwieriger feststellbar ist der Zeitpunkt der Bekanntschaft. Pestalozzi erwähnt Frau von Hallwil zum erstenmal in den Bemerkungen zu gelesenen Büchern 1785/86 (Kr. A. IX, 323), die Freundschaft ist aber gewiß schon viel älter. Möglich wäre, daß sich die Frauen in den für beide so bedeutenden Jahren 1779/80 fanden. Es bleibt unentschieden, ob Pestalozzi die Oberherrin etwa schon vor dieser Zeit kannte. Von der Beantwortung dieser Frage, die der gegenwärtige Stand des Materials nicht gestattet, hängt die andere ab, ob und inwieweit auch Frau von Hallwil zu der Konzeption des Romans beigetragen habe. D a f ü r spräche Pestalozzis Äußerung im Nachruf auf Iselin: „Er [Iselin] war nebst C[aspar] F[üßli] in Zürich, und e i n e m l i e b e n W e i b, das izt weit weg von mir in... lebt, der einzige, der mich zu so etwas [Schriftstellerei] fähig glaubte" (Kr. A. VIII, 242). An dem „lieben Weib" ist viel herumgedeutet worden. Frau Anna (I, 245) kann es nicht sein, da sie sich zu dieser Zeit (1782) auf dem Neuhof befand und, selbst wenn sie sich in Zürich oder Hallwil aufgehalten hätte, den Ausdruck „weit weg" nicht rechtfertigte. — „Weit weg" (in Leipzig) lebte allerdings Pestalozzis Schwester (Kr. A. VIII, 457); aber sie hatte schon viele Jahre vor der Herausgabe von „Lienhard und Gertrud" als sehr junges Mädchen die Schweiz verlassen und nie in einem geistigeren Verhältnis zu Pestalozzi gestanden. — Frau von Hallwil dagegen befand sich um diese Zeit in Wien (Ms. P. 6139 gegen Schluß; Ms. Hallw. 3753). Der Ausdruck „liebes Weib", auf sie bezogen, kehrt auch später wieder, und zuversichtlicher Glauben an Pestalozzis Fähigkeiten und positiver Einfluß auf seine Kräfte entsprechen durchaus ihrer Haltung ihm gegenüber.

[1]) Briefwechsel zwischen Pestalozzi und dem Minister Zinzendorf 1783—1790. In: Pädagogium, Monatsschrift für Erziehung und Unterricht, hg. von Dr. Friedrich Dittes, 3. Jg., Wien und Leipzig 1881, S. 480.

[2]) Kr. A. X, 226.

führlichen Briefen[1]). — Wertvoller noch als diesen geistigen Austausch empfand er, was sie als Frau in seelischer Beziehung für ihn tat[2]). Als er nach dem Zusammenbruch des Neuhofs an sich selbst und an der Welt zu verzweifeln und nicht nur ein Betätigungsfeld, sondern auch den Glauben an seine Mission zu verlieren drohte, war sie die „Einzige" seiner Freunde, die zu ihm stand, die in seinem Unglück die „willenlose Unschuld des Herzens" erkannte und an die unverlierbare Kraft seiner Liebe glaubte. Als er verstört und zerschlagen umherirrte und „kein Erbarmen fand unter den Menschen", öffnete sie ihm ihre Tür und bereitete ihm in ihrem Hause ein „heimeliges Stübchen", das sie „Pestalozzi-Stübchen" nannte[3]) und mit leichter Hand für ihn schön machte, auf daß er darin seine verlorene Ruhe und sein Selbst wiederfände. Und als das Maß seines Elends und seiner Selbstwegwerfung so hoch gestiegen war, daß er das Wort der Verwirrung aussprach: „Es ist nichts daran gelegen", bewahrte ihn der „Blick der Wehmut und der Sorge in ihren Augen"[4]) vor dem letzten Schritt der Verzweiflung. Mit sanfter Gewalt führte sie ihn wieder unter Menschen, erlöste ihn von seiner Hoffnungslosigkeit und leitete ihn vorsichtig und zart auf den Weg der Erhebung und des neuen Aufschwungs seiner Seele. Ihrer fraulichen Güte dankte Pestalozzi Zeit seines Lebens die Neubelebung seiner Kräfte und die Erweckung des „blühenden Hochsinns", der schließlich in den „Gefilden von Stans" seine erste Verwirklichung fand. Ihre mütterliche Wärme hatte es erreicht, daß das „zerkleckte Rohr nicht zerbrach und der glimmende Docht nicht erlosch". Darum nannte er sich ihr Kind und lobte und dankte ihr in der Hymne an die

---

[1]) Käte Silber: Zu Pestalozzis Reise nach Deutschland. In: Pestalozzi-Studien, hg. von Buchenau, Spranger und Stettbacher, Bd. II, Berlin 1932. S. 121 ff.

[2]) Daß auch sie auf größere Sorgfalt seiner Kleidung und Verfeinerung seiner gesellschaftlichen Umgangsformen einzuwirken versuchte, ist durchaus anzunehmen. Der Brief jedoch, in dem Pestalozzi sich „über die von allen Seiten an ihm getadelte Vernachlässigung seines Äußern" erklärt (Isr. II, 47), enthält keinen Hinweis darauf, daß er an Frau von Hallwil gerichtet wäre; es ist auch nicht ersichtlich, warum er ihn in französischer Sprache schreiben sollte. — Desgleichen ist der Brief „einen Kranken (den unglücklichen Lenz?) betreffend" (Isr. II, 47) nicht an Frau von Hallwil, sondern nach Andeutungen auf der Handschrift (Ms. Pestal. 2, 42) wahrscheinlich an Frau Effinger gerichtet und scheint Grammont (? vgl. Kr. A. IX, 308) zu betreffen.

[3]) Morf IV, 432.

[4]) IX, 137. — Daß die bekannte Stelle in „Wie Gertrud ihre Kinder lehrt" auf Frau von Hallwil bezüglich ist, ergibt sich — abgesehen von der inneren Wahrscheinlichkeit — zweifelsfrei aus der Wendung „Blick der Wehmut und der Sorge in ihren Augen", der wörtlich in dem Ms. an die „Einzige" wiederkehrt.

„Einzige“[1]), daß sie ihm Mutter war; denn sie hatte ihm das Leben wiedergegeben[2]).

Die Freundschaft zwischen Pestalozzi und der Frau von Hallwil erhielt sich in vollendeter Reinheit durch ihr ganzes ferneres Leben; und als seine Bestimmung ihn weit von ihr entfernte, teilte er ihr stets an entscheidenden Wendepunkten des Lebens seine Entschlüsse mit[3]). Sie nahm an allen Unternehmungen den regsten Anteil, scheint sie auch zuweilen finanziell unterstützt zu haben[4]), und besuchte ihn an den verschiedenen Stätten seiner Wirksamkeit[5]). Unvergessen blieben einige glückliche Tage in Burgdorf zur Zeit der schönsten Blüte des Instituts[6]), wo sie sich in liebenswürdigster Freundlichkeit mit den jungen Menschen seines neuen Arbeitskreises bekannt machte[7]) und offenen Blicks die Methode zu verstehen und beurteilen suchte. Sie tat auch das ihrige, an der Verbreitung mitzuhelfen und Pestalozzi in den ihr nahestehenden höchsten und einflußreichsten Kreisen bekannt zu machen[8]); aber nicht immer gelang es ihr, mit dem

---

[1]) Ms. Pestal. 300 I, 4. — Die Anfangszeilen zitiert bei Isr. I, 596. — Der Beweis dafür, daß das Gedicht an Frau von Hallwil gerichtet ist, läßt sich nur indirekt erbringen. Vgl. die Stellen: „Dein Haus war mein Haus, dein Garten mein Garten, dein Ruhplatz mein Ruhplatz...“; ferner: „Sie [Frau Pestalozzi] findet jez nicht mehr nur einzig bei dir... Erquikkung und Trost...“; und: „... von dem edelsten Weib [seiner Frau] und von dir, ihrer Freundin...“.

[2]) 1803/4 schreibt Pestalozzi in Erinnerung an eine Träumerei auf dem Gurnigel: „Lange, lange heftete sich mein Blikk auf die Gegend vom Neuhof, wo ich ein halbes Menschenalter so viel als nicht mehr lebte, und dan das alte Hallweil, in dessen Mauren ich so oft wieder fryer athmete, wen im Drang meiner Tage das Ideal weiblicher Seelengrosse mein herz so oft mit hohem Erbarmen aus seinen Tiefen emporhob — Hallweil, dem ich, dem mein Haus Stunden der Freude dankte, die uns die Welt raubte.“ (Ms. Pestal. 343 I.)

[3]) P.-B. I, 41 f.; XXVI, 37 f.; — Morf III, 103 f.; — Isr. II, 159; — P.-anum 1927, 46.

[4]) Ms. Pestal. 3b, 102. — [5]) P.-anum 1924, 61.

[6]) 1804. P.-B. XXVI, 42; — Ms. Pestal. 550 III, 1; — Ms. Geßn. V, 522.

[7]) Noch 20 Jahre später lebt in Krüsi ungebrochen der starke Eindruck dieser sympathischen Persönlichkeit und bestimmt ihn, gerade an sie die Rechtfertigung seines Austrittes aus Pestalozzis Anstalt zu richten, obwohl er sie seit dieser Zeit nicht wiedergesehen hat (Ms. Hallw. 3753, Nr. 32). Die Antwort darauf vgl. P.-B. XXVI, 41.

[8]) „Während 1804 das Institut von Burgdorf nach München-Buchsee zog, mußten ich und noch ein anderer Unterlehrer mit etwa 14 der jüngsten Zöglinge nach dem Neuhof ziehen. Daselbst bekamen wir plötzlich den Befehl, nach dem Schlosse Hallwyl zu kommen, und vor vielen Fremden eine Art Examen mit den Knaben abzulegen. Hier trafen wir mehrere Gesandte (wenn ich nicht sehr irre, auch den päpstlichen Nuntius aus Luzern) und viele Damen. Nach dem Examen wurden wir zwei Unterlehrer von den Herrschaften zum Caffee geladen. Hier erklärte Pestalozzi die Wichtigkeit des Elementarunterrichts, hatte aber das Unglück, während des lebhaften Gesprächs seine Obertasse umzuwerfen; diese in seiner Verlegenheit schnell aufhebend, stieß er auch die Untertasse um und warf sie in seiner Hastigkeit

ungekämmten Freunde Ehre einzulegen. Und vor allem: nicht immer vermochte sie in weitgreifenden Entschlüssen seine Handlungsweise zu billigen. Sie hatte sich über seine Unternehmungen und die Bedeutung einzelner Menschen seines Kreises für seinen Zweck ihre selbständige, unbeirrbare Meinung gebildet, die von der Pestalozzis zuweilen erheblich abwich[1]). Ihre Freundschaft war ehrlich und uneigennützig genug, mit der wahren Überzeugung nicht zurückzuhalten, und so kam es einmal zu erregten Auseinandersetzungen, die damit endeten, daß sie sich, schmerzlich enttäuscht, von dem tiefverehrten Freund zurückzog. Es mußte ihr scheinen, als stürze er sich in sein eigenes Verderben, als habe er alle klare Einsicht völlig verloren, als verlasse er sein „leidendes Weib" und gefährde den einzigen Enkel. Pestalozzi litt schwer unter dieser Entfremdung und versuchte, der Freundin Vertrauen zu sich wieder zurückzugewinnen. Aus dieser Zeit[2]) stammt sein Gedicht an die „Einzige", ein erschütternder Rückblick auf sein leiderfülltes Leben und ein ergreifendes Flehen um ihre verlorene Liebe und ihren früheren Glauben.

„Ich kan's nicht mehr tragen!
Ich will dem Getümel entrinnen,
ich will den Wellen entfliehen,
ich will wieder finden
mich selber,
ich will wieder finden
auch dich,
Mutter!
Höre die Stimme
deines liebenden
deines dankenden Kinds,
und gieb mir wieder
meiner bessern,
meiner frömeren Tage
heiligsten Seegen,
Mutter, Mutter!

---

an die Erde, wollte jetzt diese schnell aufheben, stieß aber mit Kopf und Achsel so stark an die große, runde Tischplatte, daß diese ganz schief zu stehen kam und Alles auf dem Tisch umfiel und der Caffee den in weiß atlassenen Kleidern prangenden Damen in die Schösse fiel. Der Schaden war groß, der Lärm noch größer, Pestalozzis Verlegenheit am allergrößten ..." (Ramsauer, Pestalozzische Blätter, a. a. O. S. 63).

[1]) P.-B. XXVI, 4 ff.; 40 f.

[2]) Ca. 1808/09.

Höre die Stimme
meiner Sehnsucht
nach dir, nach dir!
. . .
Ich lasse dich nicht,
du segnest mich dann[1]) —." —

Es berührt eigenartig, Pestalozzis an die Freundin gerichtete Zeilen der Liebe in der Handschrift der alten Frau Pestalozzi zu lesen und sich die Gedanken und Gefühle zu vergegenwärtigen, die sie beim Abschreiben bewegt haben müssen; denn auch über sein Verhalten ihr gegenüber legte Pestalozzi der Frau von Hallwil in seinem Gedichte Rechenschaft ab. Es beweist die Überlegenheit edelster Freundschaft, in der die drei reifen und freien Persönlichkeiten zueinander standen, daß sie einander vertrauen und ihre Verbindung gemeinsam erleben konnten.

Denn Frau von Hallwil ist auch Anna Pestalozzi die nächste Freundin ihres Lebens gewesen. Lisabeth und Magdalena waren ihr zwar die liebsten häuslichen Gefährten, aber zu dieser klugen und warmherzigen, wahrhaft großzügigen Persönlichkeit fühlte sich Anna in höherer, geistigerer Beziehung hingezogen und öffnete ihr ihre so verschlossene Seele ganz. Die schweren Schicksalsschläge, die beide Frauen in den ersten Jahren ihrer Ehe erlitten hatten, waren in vieler Hinsicht so ähnlich, daß sie schon frühe aneinander Trost und Halt suchten. Dabei scheint die zwanzigjährige Gräfin dank ihrer glücklicheren Veranlagung der doppelt so alten Frau Pestalozzi gegenüber vorwiegend die Gebende gewesen zu sein, obwohl ihr Unglück, wenn es sich messen ließe, das größere war. Wir kennen jedenfalls das Verhältnis auch späterhin fast ausschließlich von dieser Seite. Immerhin mögen sich ihre so verschiedenen Naturen in glücklicher Weise ergänzt haben. Die Jüngere fand bei der Älteren einen gesicherten Besitz echter Religiosität, den sie als aus der Heimat und dem Herkommen gerissene Konvertitin trotz eifrigen Bemühens nie erreichte. (Woran man erkennt, daß „innere Ruhe" in erster Linie charakterliche Veranlagung und an eine — in transzendentem Sinne — religiöse Lebenseinstellung nicht notwendig gebunden ist.) Frau Pestalozzi wiederum empfand dankbar an der Freundin die leichtere Art, sich zu geben und damit sich selbst und anderen Menschen freundlich über Schwierigkeiten und Hemmungen hinweg-

---

[1]) Ms. Pestal. 300 I, 4, Bl. 1v; 28.

zuhelfen. Denn wie die Freundin Pestalozzi aus seinen verzweiflungsvollsten Jahren hinausgehoben hat, mag sie auch die Gattin in liebevoller Geduld aus den Tiefen ihres seelischen Zusammenbruchs langsam wieder zu sich selbst geführt haben.

Frau Pestalozzi lebte — mit Unterbrechungen — jahrelang[1]) bei der Freundin in der alten Wasserburg und genoß dort „viele zufriedene Tage". Der Unterschied des Standes fiel bei der Vorurteilslosigkeit der Frauen und den freiheitlichen Verhältnissen der Schweiz nicht ins Gewicht; im Gegenteil paßte die aristokratische Frau Pestalozzi besser in ein Schloß als auf einen ärmlichen und öden Landsitz, und schon deshalb fühlte sie sich äußerst wohl in Hallwil. Sie „kann nicht genug sagen, wie freundschaftlich Frau Oberherrin und Usterj sind gewesen", versichert sie immer wieder. Aber sie war viel zu stolz, die Gastfreundschaft über Gebühr in Anspruch zu nehmen.

Durch ständiges Zusammenleben kannten die Freundinnen einander in ihren weitläufigsten Beziehungen und nahmen treuen Anteil an ihren gegenseitigen Interessen[2]). Sie verbrachten ihre freien Tage mit gemeinsamem Musizieren, Lektüre, Handarbeiten und dem üblichen Kartenspiel; und mit den Jahren und durch den wohltuenden Einfluß der harmonischen Abgeklärtheit der Gräfin brechen wie befreiende Sonnenstrahlen durch dichtes Gewölk die langverlorene natürliche Heiterkeit und der ursprüngliche Humor bei Anna endlich wieder hindurch. Sie haben sich neckisch französische Kosenamen ausgedacht, mit denen sie einander nennen, denn sie sind — vielleicht doch wegen des Standesunterschieds? — bei dem „Sie" geblieben. Das hindert sie aber nicht daran, einander ihr Herz auszuschütten; und als Frau Pestalozzi weit fort in Iferten lebt, korrespondieren sie regelmäßig wöchentlich miteinander[3]).

---

[1]) Zum 1. Mal für längere Zeit wohl, als der Neuhof an die Kinder überging: in den Jahren 1793/96, in denen auch Pestalozzi — auf der Suche nach einem neuen Betätigungsfeld — viel umherreiste (vgl. Herbert Schönebaum: Pestalozzi. Kampf und Klärung. Erfurt 1931). Wenn er sich auf dem Neuhof aufhielt, kam auch sic wieder zurück. Nähere Angaben über diese Jahre fehlen. 2. Von Pestalozzis Aufenthalt in Stans an (1799) bis zu ihrer Übersiedlung nach Burgdorf (November 1802). 3. Von ihrer Rückkehr aus Burgdorf (September 1804) an bis zur Übersiedlung nach Iferten (Mitte 1807). Dazwischen liegen allerdings oft monatelange Aufenthalte in Zürich und Neuhof, wohin sie — von Hallwil aus — an Krankenlager und Sterbebette gerufen wurde.

[2]) Tgb. 76; 100. — P.-B. XXIII, 7.

[3]) P.-B. IV, 93. — Es existiert — außer dem kleinen Schreiben P.-B. XXIII, 7 — im Hallwil-Archiv nur ein einziger Brief Annas (= Pisgèle's) an Frau von

Pestalozzi hat es der Frau von Hallwil innig gedankt, daß sie „das Leben meiner Frau durch eine lange Reihe von Jahren mit Freundschaft erquickte, in denen der Gang meines Lebens sie meistens nur drückte"[1]); und auch im Schwanengesang gedenkt er der Freundinnen, die der Gattin die Lebensfreude ersetzten, die er ihr nicht zu bieten vermochte[2]).

Es gehörten noch einige andere Frauen zu dem Freundeskreis, die wenigstens kurz genannt werden sollen. Dorothea Usteri[3]), die Schwester des Maler-Dichters Martin Usteri[4]), lebte achtzehn Jahre bis zu ihrem frühen Tode als treue Hausgenossin in Hallwil[5]) und stand auch Frau Pestalozzi freundschaftlich nahe, die das Edle ihres Charakters stets besonders hochschätzte[6]). — Ein Fräulein Hoffmeister vom „Weißen Kreuz" in Zürich[7]) war eine Anhängerin Lavaters[8]) und Anna insofern religiös verwandt. —

Ein seltenerer Gast auf Hallwil, aber von um so größerer Wichtigkeit, war Bäbe Schultheß[9]), „die Herzliche", „die Immergleiche", eine selbständige, kluge Frau, tapfer im Leiden und stark im Schweigen, eine „Männin". Ihre nahe Freundschaft mit Lavater und Goethe, die auch die spätere Spannung zwischen beiden überdauerte und zu überbrücken versuchte; die Bedeutung, die ihre Abschriften für die Erhaltung verschiedener Goethescher Gedichte und des Ur-Meister besitzen, haben ihren Namen in der deutschen Literaturgeschichte berühmt gemacht. Weniger bekannt, aber damals von ausschlaggebender Wirkung, ist die Kraft ihrer starken Persönlichkeit, die in dem freundschaftlich-vertrauten Verhältnis zu ihren vier vaterlosen Töchtern; in der innigen Zuneigung zu dem ältesten Schwiegersohn Geßner; in der milden und verständnisvollen Aufnahme- und tatkräftigen Hilfsbereitschaft allen Freunden gegenüber; nicht zuletzt aber in ihrer hohen literarischen und musikalischen Bildung und lebhaften Vermittlung neuer geistiger Güter zu schönstem Ausdruck gelangte. Anna Pestalozzi kannte und schätzte sie

---

Hallwil (= Cauchèle) von unbedeutendem Inhalt (Ms. Hallw. 3753, Nr. 47). Die Korrespondenz der Freundinnen, die den reichsten Aufschluß über die beiden Persönlichkeiten hätte geben können, muß leider als verloren (oder vernichtet) angesehen werden.

[1]) Morf IV, 431. — [2]) XII, 432. — [3]) 1765—1804.

[4]) Mit dem auch Pestalozzi wegen der Illustration von „Lienhard und Gertrud" in Verbindung stand (Isr. II, 34).

[5]) P.-B. XXVI, 4. — [6]) Ms. Pestal. 54 a, 281.

[7]) P.-B. XXIII, 6. — Vgl. Kr. A. I, 383.

[8]) Ms. Lav. 513 (Zentralbibliothek Zürich). — [9]) 1745—1818.

schon von Zürich her[1]), lernte die Verwandte aber erst näher kennen, als sie mit ihren Töchtern die Sommermonate des öfteren im Pfarrhaus Seengen verlebte[2]). Daß das Gespräch der Frauen sich dann bald auf Goethe lenkte, ist anzunehmen; und oft mag durch sie die eine oder andere neueste Probe seines Geistes in die Hände der lesefreudigen Damen gelangt sein.

Mit anderen Frauen stand Anna Pestalozzi von Zürich her in Verbindung. Da war zunächst Anna-Magdalena Schweizer-Heß[3]), die liebreizende Gattin des in der französischen Revolution durch romantische Schicksale bekannt gewordenen Johann Caspar Schweizer. Ihr Wesen war eine seltsame Vereinigung von unentwegter Ideentätigkeit mit auffälliger körperlicher Trägheit, von sensibler Zartheit und geistvoller Originalität mit gutmütiger Herzlichkeit und von sprunghafter Schalkhaftigkeit mit standhafter Treue. Die wechselvollen Lebenslagen, in die ihr leichtsinnig-gutgläubiger Gatte sie stürzte, ertrug sie mit vorbildlichem Gleichmut. In Zürich führte sie — wie später in Paris — ein großes Haus, in welchem bedeutende Männer, darunter Goethe und Karl August, verkehrten. Auch Heinrich und Anna Pestalozzi gehörten zu den regelmäßigen Gästen[4]), und nach ihrem Fortzug führten die Freundinnen eine rege Korrespondenz. Die kleine „Schweizerin", die an einem angenommenen Kinde viele Enttäuschungen erlebte, schloß besonders den jungen Jacqueli warm in ihr Herz, und auch der Knabe liebte sie mit scheuer, kindlicher Verehrung[5]).

Frau Anna-Dorothea Dolder-Kölliker[6]), die Gattin des mit Pestalozzi und Jakob in Geschäftsverbindungen stehenden Wildegger Fabrikanten und späteren Politikers[7]), und die „liebe Freundin und Verwandte Frau Major Hünerwadel in Lenzburg"[8]) hielten gute Nachbarschaft mit dem

[1]) Kr. A. I, 48 f. — Sie war die Gattin ihres Vetters (Schultheß-Denkschrift, Tab. D).

[2]) Georg von Schultheß-Rechberg: Frau Barbara Schultheß, die Freundin Lavaters und Goethes. Zürich ²1912. S. 25.

[3]) 1751—1816. — P.-B. XX, 8.

[4]) David Heß: Johann Caspar Schweizer, hg. von Jakob Baechtold, Berlin 1884. S. 21. — Vgl. Pestalozzi über die Schweizerin: Kr. A. I, 193.

[5]) Ms. Pestal. 54 a, 286; 550, 4.

[6]) 1751—1806. — Morf. I, 137; — Korr.-Bl. 1878, 4; — P.-B. II, 92. — Sie war in erster Ehe mit einem Geschäftsfreund Dolders, Weber, einem Verwandten von Pestalozzi, verheiratet.

[7]) Ms. Pestal. 550, 4. — P.-B. XXVII, 26. — Alice Elmer: Dolder als helvetischer Politiker. Diss. Zürich 1927. — Vgl. S. 75.

[8]) † 1804. Morf I, 136 ff.

Neuhof. Auch diese Freundinnen sah Anna, wie das „liebe Dödi“, vor sich ins Grab sinken. „Ach, mus es dan seyn, daß mir alles vorangehet?“[1]) klagt sie wehmütig; aber „Gott leitet alles nach seinem Willen“[2]), ist immer wieder ihr Trost.

Später — das sei hier gleich vorweggenommen — traten jüngere Frauen in ihren Lebenskreis, namentlich solche, die ihre Kinder dem Institut anvertrauten; und langsam macht sich ihnen gegenüber bei der alten Frau Pestalozzi ein mütterliches Gefühl bemerkbar. Besonders nah stand ihr Lotte Geßner[3]), die Gemahlin des Buchhändlers[4]) und Tochter Wielands, die auch schon in jungen Jahren ihre Tapferkeit zu beweisen hatte, als die Stürme der Schweizer Revolution in das Haus des Verlegers drangen und er für Jahre aufs Krankenlager geworfen wurde. — Die ersten Zürcher Familien: Schultheß, Geßner, Lavater, Schinz und Heß waren ja alle untereinander verwandt und verschwägert[5]). Selbstverständlich haben sie alle einander gekannt; es ist nur die Frage, wie weit sie miteinander befreundet waren. Anna steht nicht nur mit den jungen Geßner, sondern auch mit der „würdigen lieben Großmama Geßner“, der tüchtigen Gattin des Idyllendichters, und mit dem Vater Wieland, dessen „Geist der Welt nützet“, in naher Beziehung.

Alle die genannten Frauen spielen entweder selbst in der Geistesgeschichte eine Rolle oder sind als Gattinen führender Persönlichkeiten bekannt. Es erhellt, daß Frau Pestalozzi mit den bedeutendsten Familien ihres Landes in geistigem Verkehr gestanden hat; nur sind die uns erhaltenen Zeugnisse darüber verhältnismäßig dürftig. Immer sind es geistig und charakterlich die Besten und Edelsten, die die anspruchsvolle Frau auch in den weiteren Bereich ihrer Freundschaft aufzunehmen würdigt. Aber zu ihren eigentlichen Vertrauten gehören nur wenige; mit dem Letzten ist sie sparsam, wenn sie auch mit zunehmendem Alter im Verkehr mit Menschen etwas freier zu werden beginnt. Im Vergleich zu ihren Mädchenjahren ist nun auch die Zahl der w e i b l i c h e n Freund-

---

[1]) Ms. Pestal. 54 a, 281.

[2]) Ms. Geßn. V, 522.

[3]) * 1776. — Ms. Geßn. V, 522. — Vgl. Theophil Zolling: Heinrich von Kleist in der Schweiz. Stuttgart 1882. S. 23 ff.; 109 ff.; 134 ff.

[4]) An den Pestalozzi seine Briefe über die Methode: „Wie Gertrud ihre Kinder lehrt“ gerichtet hat.

[5]) Der Antistes Georg Geßner (Bruder des Buchhändlers und Sohn des Idyllendichters) war in erster Ehe mit einer Tochter der Barbara Schultheß, in zweiter mit einer Tochter Lavaters verheiratet. — Frau Pfarrer Schinz in Seengen war eine geb. Schultheß, Schwägerin der „Bäbe“, Base der Frau Pestalozzi.

schaften beachtlich; — die Erlebnisse ihres Frauentums haben sie den Genossinnen ihres eigenen Geschlechts näher gebracht und sie mit ihnen zu einer Schicksalsgemeinschaft verbunden.

Bei aller erstrebten Gemeinsamkeit führte Frau Anna doch in den langen Jahren der Trennung von Pestalozzi auch in geistiger Beziehung ein Eigenleben, für dessen Erkenntnis ein kleines Tagebuch Aufschluß bietet, das die beiden Jahrzehnte vor und nach der Jahrhundertwende umfaßt[1]). Es enthält — neben Familiennachrichten — hauptsächlich Auszüge aus gelesenen Büchern, Sinnsprüche und Gedichte, die auch allgemein als Beispiel für den Geschmack des damaligen gebildeten Lesepublikums von Interesse sind. Es erscheinen Bücher, die man heute kaum noch dem Namen nach kennt und die damals wahrscheinlich weit verbreitet gewesen sind; andererseits fehlen die heut bekanntesten. Auch muß man sich bei der Beurteilung stets gegenwärtig halten, daß die erwähnten Werke nur einen geringen Bruchteil des Gelesenen darstellen. Denn die Auswahl war stark von äußeren Umständen abhängig; auf dem Lande mußte man sich mit dem begnügen, was zur Verfügung stand. Frau Anna wird die Bücher, die Pestalozzi aus der Wildegger Schloßbibliothek entlieh, mitgelesen haben[2]); vorwiegend erhielt sie wahrscheinlich ihre geistige Nahrung während des jahrelangen Aufenthaltes in Hallwil durch die Freundin, die sich ihre Lektüre regelmäßig aus der „Läse-Bibliotheck" zu Bern schicken ließ[3]). Das geht auch aus der Zusammensetzung der Titel hervor; denn überwogen in dem Bildungsmaterial der jungen Anna Pestalozzi die Erbauungsschriften, so jetzt die schöne Literatur: es finden sich historisch-didaktische Romane, Essays, Liedersammlungen, Almanache, und nur neben ihnen „Palmblätter" und Predigten; und ganz allgemein läßt sich sagen, daß der Wert dieser Literatur hinter dem der in der Jugend gewählten beträchtlich zurücksteht. Gleichwohl dürfen letzte Schlüsse aus der uns zufällig überlieferten Auswahl nicht gezogen werden. Unsere Fragestellung lautet also nicht: warum bevorzugt Frau Pestalozzi diese Lektüre und keine andere, sondern sie richtet ihr Augenmerk auf die Stellen aus gelesenen Büchern, die sie des Abschreibens wert hielt. Es wird sich zeigen, daß es überwiegend nicht für das Werk, sondern für

---

[1]) Ms. P. St. 56 V, 2 (Tgb.), Pestalozzianum Zürich.
[2]) Kr. A. IX, 354; 389; Kr. A. X, 209.
[3]) Ms. Hallw. 3753.

die Leserin charakteristische Motive sind, die sie auswählt. Ihr Interesse ist durchaus subjektiv bestimmt.

Demnach gliedert sich ihre Lektüre nach bestimmten Gesichtspunkten: religiös-erbauliche Schriften wechseln ab mit Weltanschauungs-Gedichten, durch deren anscheinend heitere Stimmung durchgängig ein leiser Unterton schmerzlicher Resignation hindurchklingt, der ihrer eigenen religiösen Grundhaltung entspricht; daneben gibt es Auszüge, die stark an bestimmtes persönliches Erleben und eigene Schicksale erinnern; und endlich solche, die den weltbewegenden Zeitereignissen gewidmet sind.

Die Grundanschauung aller Auszüge ist ein schroffer Dualismus zwischen Diesseits und Jenseits, der in den Predigtstellen als Weltschmerz, Todessehnsucht, Unsterblichkeitsglaube, Tugendstreben und Verherrlichung des Leidens am reinsten zum Ausdruck gelangt. Eine Anzahl „Sonnets chrétiens" par Laurent Drelincourt handeln „sur la vanité du monde et sur le souverain bien". Mit diesem Titel ist alles gesagt.

Auch aus Schriften wesentlich andersartiger Einstellung bemüht sie sich, einen religiösen Gehalt herauszuholen: aus Kotzebues Reise nach Siberien notiert sie eine Stelle ganz im obigen Sinne; aus einem Briefe Voltaires: „Dieu fit... la retraite pour le sage." Aus dem empfindsamen Roman „Fiormona oder Briefe aus Italien", einer sentimentalen Liebesgeschichte im Gefolge von Werthers Leiden, interessiert sie das Gespräch über Unsterblichkeit und Auferstehung der Seele, das ganz aus dem sonstigen Rahmen der Erzählung herausfällt; und aus Leonhard Meisters „Neuen schweizerischen Spaziergängen", schöngeistigen Essays eines gefälligen Vielschreibers in Geßners Manier, wählt sie die resignierten Schlußzeilen, die in sanften Seligkeitsträumereien eine entzückende Aussicht in die Ewigkeit eröffnen. Das leicht Anzügliche und versteckt Sinnliche, das die Stimmungsbilder durchzieht und sie durch den Gegensatz zu der Jenseitsschwelgerei erst so recht pikant machen soll, überliest sie.

Genau so steht es mit der großen Zahl der aufgezeichneten Gedichte. Aus der Gesamtheit der Dichtungen eines Verfassers sucht sie gerade diejenigen heraus, die ihrer resignierten, weltflüchtigen, todesnahen Stimmung entsprechen. So heiter und weltfroh sie auch beginnen mögen, der Schluß ist stets eine Apotheose auf das Jenseits. Ültzens „Liedchen von der Ruh", Ambühls „Mondschein", Langbeins „Stationen des Lebens", das vielnachgeahmte „Unser Leben gleicht der

Reise ..." und Städeles Ode auf die Ewigkeit sind sämtlich aus einer Umgebung anmutiger Liebeslieder, Schweizer und Älpler Gedichte, epischer Balladen und Romanzen herausgelöst und stellen manchmal das einzige Gedicht schmerzlicher Resignation in der ganzen fröhlichen Sammlung dar[1]).

Die zweite Gruppe von Auszügen nimmt Bezug auf ganz bestimmte persönliche Erlebnisse und Erfahrungen. Bei Gleims „Ich hab ein kleines Hüttchen nur" oder bei dem „Dörfchen Unbekannt", wo dem goldenen Mittelstand die Notdurft leicht gewährt wird, liegt der traurige Vergleich mit dem Neuhof nahe; und wenn sie aus dem mühsam lesbaren, umfänglichen „Mark Aurel" von Ignaz Feßler, einem historisch-didaktischen Roman im Stile Wielands und Heinses, das Glaubensbekenntnis des Weisen Ariogeses auszieht, obwohl sein Pantheismus ihrer Gottesauffassung durchaus nicht entspricht; oder wenn sie sich aus dessen „Aristides und Themistocles" die — im ganzen allerdings stark rationalistischen — Erziehungsgrundsätze des Weisen Damon notiert, so nur deshalb, weil sie in ihrer Menschenliebe und ihren philanthropischen Beglückungsbestrebungen Ähnlichkeiten mit Pestalozzis Ideen erkennt.

Eine Reihe kleiner Anekdoten und Scherzerzählungen, z. B. „La bouche honnête" von Margarethe von Navarra und „Hans von Guggisberg" im Berner Dialekt zeigen Annas wieder hervorbrechenden Sinn für Humor und Satire. Aber aus der leichten, frivolen Ware der Taschenbücher und Musenalmanache — z. B. des Wienerischen[2]), den Frau von Hallwil sich aus alter Anhänglichkeit an die Heimat kommen ließ — gefallen ihr stets die harmlosesten, man möchte sagen: die anständigsten Beiträge. Zweideutige Anzüglichkeiten, die eigentlich das Wesen dieser Art von Taschenbüchern ausmachen, läßt sie beiseite.

Kleine, anmutige Tanzliedchen hat sie aus Liedersammlungen kennengelernt und nicht gelesen, sondern gesungen[3]). Sie pflegte mit Frau von Hallwil, die eine Meisterin im Klavier-

---

[1]) Goethes Ode: „Edel sei der Mensch" folgt in dem Tagebuch unmittelbar auf einen Auszug aus Pestalozzis „Nachforschungen" (verworfene Fassung, einzig hier erhalten!), was beweist, daß Anna sie daraus übernommen hat. Damit fällt die Auffassung von Muthesius (a. a. O. S. 234), Pestalozzi habe die Ode aus Frau Pestalozzis Tagebuch kennengelernt, die sie wiederum über Frau von Hallwil von Bäbe Schultheß in mündlicher Überlieferung erhalten haben sollte. Welcher Umstand! Im Jahre 1795, aus dem die Aufzeichnung stammt, lag das Gedicht längst gedruckt vor!

[2]) Auf das Jahr 1785, hg. von Ratschky und Blumauer.

[3]) Wie Wiederholungen der Schlußzeilen (Refrains) beweisen.

spiel war und vortrefflich sang[1]), eifrig zu musizieren. Mozart-Schikaneders Papagenolied, Vertonungen Ambühlscher Schweizerlieder durch den Zürcher Komponisten Samuel Gottlob Auberlen, Gleims „Hüttchen" und sogar Bürgers „Der Bauer an seinen durchlauchtigen Tyrannen" sind nur einige Proben ihres Repertoirs.

Die Betrachtung der Lektüre bestätigt das bereits gewonnene anschauliche Bild von der Wesenseigentümlichkeit der Frau Pestalozzi: feines Gefühl für den Wert einer Dichtung, empfindsamen Natursinn; vor allem Resignation und Weltflucht als Grundstimmungen ihres Gemüts. Wenn man zuweilen nur zweit- und drittrangiger Literatur begegnet, so ist zu bedenken, daß Frau Pestalozzi las, um sich zu unterhalten, nicht um sich zu belehren. Stets nahm sie jedoch die neuesten Erscheinungen des Büchermarkts in die Hand und hielt sich also literarisch auf der Höhe ihrer Zeit.

Es bleibt noch zum Schluß ihre Stellung zu den Zeitereignissen, das heißt zur französischen Revolution zu bestimmen. Daß sie ihr große Wichtigkeit beimaß, bekundet die Zahl der diesbezüglichen Aufzeichnungen; ob sie sie aber billigte oder ablehnte, ist nicht eindeutig zu entscheiden, da sich für beide Auffassungen Belege finden. Das Tagebuch enthält sowohl Bürgers von Tyrannenhaß glühendes Gedicht als ein schwächliches österreichisches Lied, das um die Erhaltung der Klöster bettelt. Zu den helvetischen Aufständen des Volks am Zürich-See finden sich Gedichte für und wider; neben der Marseillaise und dem Ça ira steht eine längere Darlegung der Hinrichtung Ludwigs XVI. Die zugrunde liegende Haltung ist jedenfalls dieselbe, die das gebildete Ausland der französischen Revolution gegenüber überhaupt eingenommen hat[2]): allgemeine Zustimmung zu den freiheitlichen Ideen, aber keine Neigung zu ihrer Verwirklichung, besonders nicht auf gewaltsamem Wege; und bei wachsenden Greueltaten ein immer deutlicheres Abrücken. Also auch Frau Pestalozzi in ihrer eigenartigen Mischung von freiheitlichem Aristokratismus hat wie ihr Gatte „Ja und Nein" zur französischen Revolution gesagt.

Wir sind damit an die Wende des Jahrhunderts gelangt, die für Pestalozzi auch die Wendung zum praktischen Schulmann bedeutet. Bevor wir das in vielem abweichende Jahr-

---

[1]) Fröhlich: Franziska Romana von Hallwil, a. a. O. S. 68.
[2]) Vgl. Johanna Schopenhauer, a. a. O. S. 177 ff.

hundert betreten, soll noch ein zusammenfassender Rückblick die letzten beiden Jahrzehnte abschließen. — Die Lebensbahn hatte die Ehegatten innerlich und äußerlich voneinander entfernt, nicht, weil es ihr freier Wille war, sondern weil ihre Natur und ihr Schicksal sie so führten. So weit sie konnten, nahmen sie den herzlichsten Anteil am Leben des andern; Anna versuchte stets, für den Gatten zu sorgen, auch wenn er sich fern von ihr aufhielt. Als er in Richterswil das Haus seines Vetters Dr. Hotz betreute, verfolgte sie mit rührender Sorge die Ökonomie und war bereit, heimlich das Defizit seiner Wirtschaftskasse zu decken[1]), um ihm Ungelegenheiten zu ersparen. Und so war es immer: für seine äußeren Bedürfnisse vermochte sie zu sorgen, auch aus der Ferne; aber seinen eigentlichen Weg mußte sie ihn allein ziehen lassen. Und wie gern hätte sie ihn häuslich bei sich gehabt und selbst auf dem Neuhof gelebt! Sie hatte das Gut den Kindern überlassen, um nicht ständig als Schwiegermutter die junge Ehe zu belasten, und führte nun ein Wanderleben zwischen Zürich und Hallwil hin und her. Die Geschwister riefen sie oft zu sich, denn in Krankheits- und Todesfällen war sie eine kenntnis- und verständnisvolle, hilfreiche Pflegerin. Und in Hallwil genoß sie die liebreichste Aufnahme; — aber so gern sie dort weilte, fühlte sie sich doch immer nur als Gast. Es hatte sich mit der Zeit ein starkes Heimatgefühl für den unglücklichen Neuhof in ihr ausgebildet, so daß sie die Wanderungen in der Fremde zugunsten eines häuslichen Ruheplätzchens gern endlich eingestellt hätte[2]). Aber sie resigniert und weiß, daß es nicht nach ihrem Willen geht.

Und Pestalozzi? Er hat es oft genug ausgesprochen: er wandle im Traum, er werde getrieben, es sei nicht sein Wille und sein Werk, was er tue; eine dämonische Gewalt zwänge ihn, den „einzigen Weg" zu gehen, den er vor sich sähe; er sei nur das Werkzeug Gottes, das nach einem höheren Gesetz handeln müsse[3]). Deshalb fühlte er sich immer gebunden und verpflichtet nach zwei Seiten hin und wurde die Beschämung nicht los, für die Seinen nicht ausreichend gesorgt zu haben. „O wie rührte mich in meinem Ellend mein leidendes Weib, oft dem Tod nahe, alles hingebend, alles opfernd,

---

[1]) „Gieb einmal du richtig Rechnung von deiner Haushaltung, daß wen der Herr des Hauses kommt, er zufrieden seye. Ich will dir, sobald ich wieder heim komme, Bewußtes schiken; sage mir nur IIII Nthlr oder so viel du wilt, unten im Brief, damit niemand nichts merke daheim, wen ich den Brief zu lesen gebe..." (Ms. Pestal. 54 a, 281. Aus Hallwil nach Richterswil, 1793).

[2]) Ebenda. — [3]) Ms. Pestal. 300 I, 4.

in Verachtung und Mangel und Schmerzen und Kumer Jahre daligend ohne Hoffnung und Trost ...", klagt er sich an. „Ich habe Unrecht gethan, das Gut der Meinen aus meiner Hand fliegen zu lassen wie nichtigen Staub. Ich habe Unrecht gethan, meine arme Mutter zu bekumern, das edelste Weib und den einzigen Sohn leiden zu machen, was wenige Menschen auf Erden gelitten. Ich waine, ich traure über Mutter und Sohn und über aller ihrer Leiden Quelle, meinen kindischen Leichtsinn[1])."

Und trotzdem — hätte er sein Leben noch einmal beginnen dürfen, er hätte um ihretwillen nicht anders gehandelt. Die Idee der Volksbildung stand ihm höher als das Glück seiner Familie. Daß er es seinem „Zweck" aufopferte, das kostete ja auch ihn einen Teil der ihm zustehenden Lebensfreude. Aber er schonte auch sich selbst wahrlich nicht. Pestalozzi sowohl wie Anna waren sich der Tragik ihres Schicksals wohl bewußt, aber sie nahmen sie tapfer auf sich: die Gattin in großmütigem Verzicht, der Mann in dem zuversichtlichen Glauben, auch f ü r s i e durch sein Werk sein Bestes zu tun, ihr durch sein Gelingen einmal alles Leid vergelten zu können, das er ihr angetan, und sie auf entsagungsvollen Wegen doch endlich zum Ziel zu führen. —

Es war ein schwerer Schlag für Frau Anna, daß Pestalozzi in Stans von neuem ein Erziehungshaus für arme Kinder zu gründen beabsichtigte. Das schreckliche Gespenst des Neuhoferlebnisses rückte ihr wieder in bedrohliche Nähe; sie erblickte die Scharen verwahrloster Kinder und Pestalozzi allein, hilf- und mittellos, in ihrem Kreise, mit einem Herzen voll Liebe, aber mit leeren Händen; sie sah den Schmerz voraus, den er würde erleiden müssen, wenn der Traum seines Lebens zum zweitenmal zerrann; sie erwartete mit Gewißheit, daß es so kommen müsse. Denn den Glauben an einen Erfolg seiner praktischen Unternehmungen hatte sie längst verloren. Wie stolz war sie auf den Ruhm gewesen, den ihm Lienhard und Gertrud eingetragen hatte. Endlich war offenbar geworden, an welcher Stelle er seine Fähigkeiten anerkannt betätigen konnte. Wie hatte sie gehofft, daß er dabei bliebe und sich und seine Familie in gesicherter Standesgemäßheit ernährte! Wie tat sie mit wochenlangem mühsamem Abschreiben alles, was in ihren Kräften stand, um ihm dazu zu ver-

---

[1]) Ebenda. — Die Worte „das edelste Weib" sind in der Handschrift der Frau Pestalozzi ausgelassen und von Pestalozzi selbst ergänzt!

helfen! Es war eine bittere Enttäuschung, daß er trotz besten Zuredens von allen Seiten den erfolgreichen Weg nicht weiterging. Schon seine „Nachforschungen", die sich immer im Kreise zu drehen schienen, las kein Mensch mehr. Und nun kam er wieder auf den unseligen Plan seiner Jugend zurück, für den er sich erwiesenermaßen am wenigsten eignete! Und was ihrem Bedenken am schwersten wog: er hatte bereits das fünfzigste Jahr überschritten, die Aufgabe, die er übernahm, mußte auch seine physischen Kräfte übersteigen[1]). Als Tschiffeli ebenso alt war, hatte das junge Brautpaar ihn einst einen „ehrwürdigen Greis" genannt; und dieser „Greis" Pestalozzi gedachte nun, sein Leben noch einmal von vorn zu beginnen! — Sie beurteilte die Dinge nach ihrem Maßstab und seine Leistungsfähigkeit nach der ihrigen und wußte nicht, daß Pestalozzi oft seltsame Perioden der Verjüngung durchmachte und daß die Zeit gleichsam an ihm vorüberschritt, weil er sich nicht nach ihr richtete. Sie aber war alt geworden; sie fühlte jeden Tag und jedes Jahr ihres schweren Lebens einzeln auf ihrem Rücken. Sie war nun sechzig; immer von neuem auf das Krankenlager geworfen, nur durch ein Wunder dem Tode entronnen; stets leidend, mit wunden Beinen und quälenden Hustenanfällen; schonungsbedürftig und zu keiner regelmäßigen Tätigkeit mehr fähig. Wenn sie in dieser Verfassung und unter den nun sich zuspitzenden Umständen in die Zukunft blickte, erfaßte sie ein Grauen. Es war ihr ständiges Gebet, im Alter niemandem zur Last zu fallen[2]), — aber auch zu diesem bescheidensten Wunsche gehörten doch wenigstens die allernotwendigsten Mittel! Sie bangte ja nicht nur für sich selbst; es war inzwischen eine neue junge Familie aufgebaut worden; und hatten sie und ihr Kind nicht das Glück einer geordneten Häuslichkeit genossen, so wollte sie doch das Leben der Enkel in gesicherte Bahnen zurückgeführt und bürgerlichem Wohlstand wiedergegeben sehen. Das war auch die Ansicht jedes vernünftigen Menschen; Frau von Hallwil und Dödi Usteri, Lisabeth und Magdalena standen in der Beurteilung des Stanser Planes durchaus auf ihrer Seite[3]). Was sollte sie tun? Sie rang in Verzweiflung die Hände und schrieb Briefe, in denen sie alles aufbot, was ihr zur Verfügung stand: Bitten, Gründe, Warnungen, Zweifel, Vorwürfe. Der Unglaube an seinen Erfolg stand nur allzu deutlich zwischen den Zeilen, wenn sie

---

[1]) Morf I, 168.
[2]) Ms. Pestal. 54 a, 281. — [3]) Morf I, 168.

ihn an die Erfahrungen des Neuhofs erinnerte. Die ganze Leidenschaft der alten Nanette Schultheß kam noch einmal zum Vorschein; alle Liebe und Schicksalsverbundenheit offenbarte sich in diesem verzweiflungsvollen Aufbäumen ihrer Persönlichkeit gegen die fremde, höhere Macht; denn sie hatte das untrügliche, vernichtende Bewußtsein, den Mann nun endgültig an das Werk zu verlieren. Es war im Geheimsten der letzte, hoffnungslose Kampf der verlassenen Frau, die Seele des Geliebten ganz für sich zu behalten.

Pestalozzi hörte sie nicht. Er lebte in einer Welt, in die die irdische Bindung an Weib und Kind nicht mehr hineinreichte. Er war nicht mehr der Heinrich Pestalozzi, der sich mit Anna Schultheß zu gemeinsamem Lebensweg verbunden hatte; er stand nun allein einer Aufgabe gegenüber, von der er wußte, daß sie Jahrhunderte überdauern würde, wenn gerade er gerade jetzt sie in Angriff nähme. Daß seine Mittel unzulänglich waren, sah er wohl auch, aber die Nötigung war unwiderstehlich. „Mein Werk forderte ökonomische Ordnung, es schien kaum möglich, es mit der höchsten diesfälligen Kraft durchzusetzen. Ich hatte keine und setzte es doch durch; das tat die Liebe: sie hat eine göttliche Kraft, wenn sie wahrhaft ist und das Kreuz nicht scheut[1]).“

Es ist die Zeit weitester Spannung zwischen den Ehegatten, die in diesen Jahren bestand. Welten lagen zwischen ihm und ihr. „Jez kan die Frage, was mein und eüer Schiksal seyn werde, nicht mehr lange zweifelhafft seyn. Ich unterneme eine der größesten Idee des Zeitpunkts. Hast du einen Mann, der nicht mißkennt worden, sondern der Verachtung und der Wegwerfung werth ist, mit der man ihn allgemein behandelt, so ist für uns keine Rettung; bin ich aber nicht unrichtig beurtheilt und das werth, was ich selber glaube, so hast du bald Hilf und Rath von mir zu erwarten. Aber jetzt still — jedes Wort von dir geth mir ans Hertz — und ich mus jetzt mein Hertz ganz zerschnitten in mir herumtragen. Also schreib mir ruhig und hofnungsvoll. Ich kan deinen ewigen Unglauben nicht tragen. Ich habe auch kein Haar mehr von der alten Zeit, und meine jetzige Unternemung ist so verschieden von der ehemaligen als meine jetzigen Runzlen mit den glaten Schwerzen. Du hast dreißig Jahr warten müssen — wart jetzt auch ein viertel Jahr mit Willen[2])...“ —

[1]) P.-B. IV, 12. — [2]) Tgb. 49 f. — Auszüge bei Morf I, 168.

Es griff ihr ans Herz. Sie trug diesen erschütterndsten Brief, den Pestalozzi ihr je geschrieben, in ihr Tagebuch ein und ließ den Gatten gewähren. Denn sie begriff ja auch die Würde seiner Tat und war überwältigt von so viel Großmut. Und wie sie einst in den Zeiten schwerster Niederlage aller Welt gegenübergetreten war, um im Unglück tapfer an seiner Seite zu stehen, so wollte sie auch jetzt alles tun, um ihm zu helfen, und wenn es nottat, alles hergeben, was sie besaß, um ihn zu retten.

Was er am dringendsten brauchte, war tatkräftige Hilfe; aber gerade die vermochte sie ihm nicht zu bieten. Jeder, der ihn allein um achtzig Kinder sich mühen sieht, ohne Haushaltung, ohne Freunde, ohne Bedienstete[1]), fragt, warum sie nicht eilte, die Last mit ihm zu teilen? Wer aber weiß, wie es um sie stand, der erkennt die Unmöglichkeit dieser Zumutung. Außerdem ist es sicher, daß Pestalozzi eine solche Anerbietung nie hätte weder annehmen können noch wollen. Darum ist die ganze Fragestellung müßig. So nahe sie an sich liegt und so leicht sie von Unkundigen erhoben wird, so restlos beantwortet sie sich unter den gegebenen Verhältnissen. Frau Pestalozzi mag selbst darunter gelitten haben, sich so völlig zum alten Eisen geworfen zu sehen, aber zu ändern vermochte sie es nicht mehr.

Aus der Ferne muß sie nun mitansehen, wie auch Stans vorübergeht. Scheinbar unbewegt schreibt sie in ihr Tagebuch genau unter Pestalozzis Brief: „Diese Unternemung wurde zerstöhrt ...". Sie weiß, daß Pestalozzi von der übermenschlichen Anstrengung zu Tode erschöpft auf dem Gurnigel weilt, ohne ihm zu Hilfe eilen und ihn pflegen zu können wie die kranken Lieben ihrer Familie sonst. Dann hört sie, daß es rastlos fortgeht, daß er mit den einflußreichsten Männern der helvetischen Republik in Verbindung steht, und daß sie ihm in Burgdorf neue Möglichkeiten eröffnen.

Die Briefe, die er ihr schreibt, sind rührende Bitten um Geduld und Vertrauen voll fester Zuversicht, daß die Zeit der Erfüllung nahe sei: „Wenig Wochen werden mich instand setzen, Euere Liebe zu erwidern. Aber handelt jetzt nicht schwach. Ich bin auf dem Punkt, wo ich den Lohn meines ganzen Lebens einernten und dem Vaterland dienen kann, wie ihm niemand dienen kann. Ich bitte Euch, laßt mich nicht vollkommen wie einen Lump und Bettler in mein Schloß ziehen, indessen meine Lehrer von allen Seiten ihre Betten

---

[1]) VIII, 405

und alles Notwendige mitbringen. Glaubet an mich, daß ich die letzte Kraft meines Lebens mit äußerster Sorgfalt für Euch anstrengen werde[1])." „Ich bin gewüß bald imstand, allem zu helfen, aber langsam geth mein jez gewüß sicherer Weg. Laß dein Vertrauen nicht fallen, oder vielmehr suche mit jedem Tag mehr zu gewinnen. Es ist by der Umfassung meiner Zwekken nicht müglich, daß es schnell gehen kan, aber gehen wird und muß es, diese Überzeugung aller Menschen steigt mit jedem Tag." Das Schuldgefühl seiner Frau gegenüber zittert hindurch: „Ich suche dir mit Ernst und Eifer ruhige Tage. Ich für mich will keine; ich will mein Werk vollenden. Möge sein Seegen auch auf dir ruhen! Es ist mir leid, daß mein Werk hier noch eine Weile dir hier die Ruh nicht verschaffen kan, die du wünschest und nothig hast. Das Bauen erhohet würklich den Wirbel, der selber mich ermattet, und ich mochte dich nicht in seinem stören. Aber wen es ausgebauen, den ist mein Aufenthalt gewüß angenehm. Ich bin desnahen froh, daß du diesen Winter dich in Hallweil und wen du kanst auch etwas Zeit in Zeit in Zürich aufhalten kan[st]. Ich will dir Gelt schikken ... Suche deine Gesundheit durch Ruhe zu bevesten, und Gott gebe dir nach Zeit, die wonnevolle Erquickung ganz zu geniesen, die der außerordentliche Erfolg meiner Unternehmung mich hoffen laßt." Und etwas später: „Es geth ... von allen Seiten gut und nähert mit jedem Tag mehr nützlichen Aussichten für meine Haushaltung. Jez gebe ich aller Welt Ehr ... für eine stille Stube, davon alle vier Wand bezahlt sind und in der ich Euch alle miteinander lachen sehe. Denn wenn ich das sehe, rufe ich aus: Es ist vollbracht! Bis so lang habe ich keine Freude zu leben und eine entsezliche Forcht zu sterben. Freüde am Leben wünsche ich mir keine mehr, aber daß ich bald ruhig sterben und ohne Kumer auf meine Hinterlassene alle hinabsehen köne, das ist mein einziger Wunsch ... Dein dich liebender und dir dankbarer Alter[2])." —

In diese Zeit[3]) fällt der Tod ihres einzigen Kindes. Damit schließt die traurigste Periode ihres freudearmen Lebens. Als sich die alten Eltern nach jahrelanger Trennung am Sarge des Sohnes wiedersehen[4]), ist das Wasser ihrer Trübsal wieder um ein Vielfaches gestiegen. Ihre Bürde wird immer schwerer, aber ihre Kraft wird auch immer größer. Sie wachsen mit der Last ihrer Leiden.

---

[1]) Morf III, 357. — Vgl. P.-B. I, 24 f.
[2]) Ms. Pestal. 3b, 102. — [3]) 15. VIII. 1801. — [4]) Tgb. S. 72.

III. Mutter Pestalozzi in Burgdorf und Iferten

1.

Das neue Jahrhundert brachte mit der Errichtung des Burgdorfer Institutes einen neuen Aufschwung und eine neue Lebensmöglichkeit auch für die Frau Pestalozzi, die schon geglaubt hatte, ihr Dasein in der Vergessenheit des Neuhofs beschließen zu können. Die Anstalt richtete sich überraschend schnell ein, und daß das Unternehmen diesmal glückte, war zum großen Teil das Verdienst der jungen Frau Anna Magdalena[1]).

Durch den Tod Jakobs war sie einer schweren Last enthoben; aber da sie stets jemanden brauchte, an dem sie ihren hingebungsvollen Liebesdrang betätigen konnte, stellte sie Vater Pestalozzi „mit aller nur ersinnlichen Güte und Generosität" ihre persönliche und bescheidene finanzielle Hilfe für sein Werk zur Verfügung[2]). Ihre geistigen Fähigkeiten waren zwar nicht sonderlich groß, aber ihre Herzensgüte und Aufopferungskraft, ihre „Engelreinheit schon bei Lebzeiten" werden übereinstimmend gerühmt. Ihr sanftes, anschmiegsames Wesen[3]) war vorzüglich dazu geeignet, Gegensätze auszugleichen und Fröhlichkeit um sich zu verbreiten, und ihr frommer, unerschütterlicher Glauben, der sie über alle Schwierigkeiten hinwegtrug, war vorbildlich für alle, die ihr nahe standen. „Gott hilft, er hat immer geholfen und wird ferner helfen; wie und wenn er's tut, sollen wir nicht fragen; seine Wege sind wunderbar und unerforschlich, aber wenn die Not am größten, ist seine Hilfe am nächsten[4])," war ihre erlebte und befolgte Lebensweisheit. „Sie ware mit ihren Gedanken zu wenig an der Erde, die gute treue Seele[5])," sagt Frau Pestalozzi von ihr.

---

[1]) H. Morf: Frauenbilder aus Pestalozzis Lebenskreis. In: Pädagogium, hg. von Dittes, Jg. 5, 1883.

[2]) Morf I, 151. — Ihre Eltern lebten nun auch in Burgdorf; der Vater Fröhlich war dort Waisenvater.

[3]) Vgl. ihr Bild: P. i. B., Taf. 22. — [4]) X, 582.

[5]) Aargauer Schulblatt 1883, S. 14.

Während die tapfere kleine Frau dem verehrten Vater in Burgdorf ein neues Heim aufzubauen versuchte, krachten die Geschütze der Aufständischen um die Tore von Bern, und man mußte jeden Augenblick gewärtig sein, die neue Heimat, noch ehe sie bezogen, in Trümmern zu sehen. „Vom Schloß zu ziehen, kränkte mich nicht, und mit Papa gieng [ich] auf das Neue an jedes Ort; dieß habe mir fest vorgenohmen. Aber freilich eine minder schwerere Last wäre mir auch lieber. Doch Gott hilft immer mit tragen[1])..." Aber als noch zu alledem das zarte Töchterchen Marianne erkrankt und stirbt[2]), muß Magdalena der Mutter Pestalozzi bekümmert gestehen: „Ach, wir sind schwache Geschöpfe! — Nein — liebe Frau," setzt Pestalozzi das Schreiben fort, „die Frau Pestalozz ist nicht so schwach, als sie sich da auf dem Papir mahl[t]. Sie haltet sich wie ein Held, und ich kan Gott nicht genug danken, daß sie mit dieser Standhaftigkeit meine Last auf ihren ich darf nicht sagen Bokkel nihmt, denn leider ist m e i n e Last nicht leicht und m e i n Joch nicht schwer, das weißt du wohl, du hast es erfahren. Gott gebe, daß sie selbe nicht so lang tragen müsse, als du sie getragen hast[3])."

Die junge Frau Pestalozzi wurde der gute Geist des Hauses, der in der Stille waltete und ohne Aufhebens für die notwendigen Lebensbedingungen sorgte. „Ohne den Beistand dieser seltenen Frau würde Pestalozzi das Institut in Burgdorf nicht haben erhalten können," berichtet ein Augenzeuge. „Sie war allen Zöglingen zärtliche Mutter, sie pflegte die Kranken und sorgte für die Gesunden; dabei besorgte sie die ganze große Wirtschaft mit Pünktlichkeit, mit strenger Sparsamkeit, und doch dabei mit einer so liberalen Gutmütigkeit, daß Lehrer und Zöglinge sie innig liebten und achteten und ihre Anordnungen gerne befolgten. Auch in den trüben Stunden, wenn Pestalozzi zuweilen nicht wußte, woher Brot nehmen für seine zahlreiche Familie auf den kommenden Tag, die kommende Woche, auch dann verlor doch sie den Mut nicht; sie bot vielmehr alles auf, es zu verhindern, daß jene Verlegenheit nicht sichtbar oder nicht eigentlich fühlbar werde[4])." Auch Ramsauer rühmt ihr nach, daß sie allen im Institute Freundin, Helferin, Beschützerin und vor allem den jüngsten ein Engel gewesen sei, der sie manche Leiden ver-

---

[1]) Korr.-Bl. 1779, 87 ff. An Anna Pestalozzi, 1802.
[2]) Morf I, 151 f. (28. IV. 1802). — [3]) Ms. Pestal. 3 b, 102.
[4]) W. C. C. v. Türk: Briefe aus Münchenbuchsee über Pestalozzi und seine Elementarbildungsmethode. Leipzig 1806. S. 13 f.

gessen gemacht[1]); und sogar Niederer spricht von der beispiellosen Aufopferung, mit der sie sich der Sache Pestalozzis und speziell auch seiner selbst in einer Krankheit angenommen habe[2]). Sie besaß „ein Mutterherz ohne ihresgleichen und war von Seite der Liebe, Sorgfalt, Treue, Anmut, Tätigkeit und Aufopferung zur Erzieherin im echten Sinn des Worts wie geschaffen[3]).“ Mit diesen Worten des Schwanengesangs dankt Pestalozzi der Tochter noch lange nach ihrem Tode ihre hingebungsvolle Treue und stellt ihr damit das ehrenvollste Zeugnis aus, das einer Frau seines Kreises erteilt werden kann.

Auch Frau Anna hatte Magdalena innig in ihr Herz geschlossen und liebte sie „wie eine leibhafte Tochter“[4]). „Ihre große thätige Reinheit und Liebe des Herzens“[5]) waren der frommen Frau eine Erquickung ihres Alters, und sie erlebte es mit Dankbarkeit, daß der Tochter in einer zweiten Heirat mit dem „wohlhabenden braven stillen“ Laurenz Custer von Altstätten[6]) ein neues Glück erblühte und drei freundliche Töchter ihr in gewisser Weise die schweren Ehejahre mit dem unglücklichen Jakob Pestalozzi vergalten.

Das Institut in Burgdorf erlangte schnell europäischen Ruf. Ein Zustrom von Fremden begann einzusetzen, der Schöpfer der „Methode“ wurde berühmt, aus dem Verkannten und Verstoßenen war ein geachteter und bewunderter Pädagoge geworden. Pestalozzi war beglückt, seinen „Zweck“ endlich realisiert zu sehen, und im Hinblick auf seine Familie über die günstige Wendung des Schicksals wahrhaft erleichtert. „Gottlob mein Werk ist vollendet — für Euch vollendet. — Es mag mit mir gehen wie es will — die Welt wir[d] die Haushaltung und die Nachkommenschaft eines Menschen, der sich ihr aufopfert — nicht blos verlassen sonder sie wahrl[ich] erquicken — Lebe ich so gebe ich Euch Ruhe — sterbe ich so gibt sie Euch Gott —[7]).“ Nun er sich sicher fühlte, begann er, Anna zu bitten, zu ihm zu ziehen. Er glaubte die Zeit gekommen, ihr endlich alle Hilfe danken, alle Entbehrungen vergelten und ihr einen ruhigen Lebensabend bereiten zu können.

---

[1]) Johannes Ramsauer: Kurze Skizze meines pädagogischen Lebens. Oldenburg 1838. S. 13.
[2]) Morf III, 86 f. — [3]) XII, 219 ff.; vgl. X, 341. — [4]) P.-B. IV, 93.
[5]) Ms. Geßn. V, 522; — Karl Justus Blochmann: Heinrich Pestalozzi. Züge aus dem Bilde seines Lebens und Wirkens. Leipzig 1846. S. 86 f.
[6]) Morf III, 86. — August 1804. — [7]) Korr.-Bl. 1879, 89.

Frau Pestalozzi hatte zwar gewünscht, ihr Leben auf dem liebgewonnenen Neuhof zu beschließen, aber sie ergab sich darein, daß es nicht so sein sollte, und war dankbar genug, sich nach den langen Jahren der Trennung wieder mit Pestalozzi vereinigen zu dürfen. Gegen Ende des Jahres 1802[1]) siedelte sie mit Lisabeth und dem kleinen Gottlieb nach Burgdorf über. Ein paar Tage, nachdem Pestalozzi sie in alles eingeführt hatte, ging er als Abgeordneter der Helvetischen Republik zur Consulta nach Paris. — Sie richtete sich inzwischen, so gut sie konnte, in der neuen Heimat ein. Die Größe des Betriebs und die Fülle der fremden Menschen bedrückten und ermüdeten sie zunächst, aber mit der Zeit fand sie sogar ihre stille Genugtuung daran. Denn einmal lag nicht mehr die Verantwortung für das Gedeihen auf ihren schwachen Schultern wie damals auf dem Neuhof, und sie brauchte sich nur soweit zu betätigen, als ihre Kräfte es gestatteten; sodann aber erwachte die alte Schultheßin in ihr, die „zu leben wußte", eine Schar übermütiger Jugend zu zügeln und einen Kreis vornehmer Besucher zu unterhalten verstand. Sie war immer noch eine hohe, würdevolle Erscheinung, in deren Antlitz sich die Spuren einstiger Schönheit trotz der Schmerzenszüge erlittenen Unglücks behaupteten; entsagungsvoll lächelnd, gütig, zurückhaltend, Ehrfurcht und Hochachtung gebietend, wo sie erschien. Alles überstrahlte ihre innerliche Befriedigung über die Anerkennung, die die Welt dem edeln Herzen Pestalozzis und seinem rastlosen Bemühen schenkte, und es schien ihr, als wollte der Frieden Gottes sich endlich über den Abend ihres sorgenvollen Lebens senken. Zwanzig oder zehn Jahre früher hätte die Wiederherstellung ihres guten bürgerlichen Namens ihrer Tatkraft noch einen neuen Aufschwung verliehen; jetzt empfing sie die Errettung nur noch dankbar als Verklärung ihres Alters, ohne selbst mehr als eine passiv teilnehmende Stellung im Rahmen des Ganzen einzunehmen. Auch sah sie bald, daß die ökonomischen Sorgen durch den pädagogischen Erfolg keinesfalls behoben waren; — aber sie erkannte jetzt mehr als in früheren Zeiten die Lichtseiten eines Begebnisses und freute sich an Pestalozzis Freude.

Sie wohnte gern in dem alten Schloß, das sie an die Burgen des Aargaus erinnerte, zu deren Füßen sie in Armut gelebt hatte. Nun war sie selbst Schloßherrin geworden und genoß den weiten Blick von der schattigen Hoflinde ins Emmental hinab und von dem halbrunden Pavillon auf den am fernen

---

[1]) E. Bl. 110.

Horizont schimmernden Strahlenkranz des Berner Oberlandes. Und wenn ihre zarte Gesundheit sie selbst an den kleinsten Promenaden im Schloßpark hinderte, erfreute sie sich durch das Fenster der freundlichsten Aussicht[1]). In ihrem Stübchen führte sie ein geruhsames Leben, fern von dem Getriebe der Angehörigen und der Fremden, die scharenweise herbeiströmten, um die „Wunder" des Schlosses zu sehen. Wie in ein feines, kleines Heiligtum wurden Gäste bei ihr eingeführt, und Lehrer und Schüler fühlten sich geehrt, einmal an ihre Tür klopfen zu dürfen oder von ihr eingeladen zu werden. Pestalozzi fand für ein paar Augenblicke Frieden, wenn er sie in ihrem stillen Bereich aufsuchte, wo sie die alten vertrauten Dinge der Heimat um sich versammelt hatte. „Durch die ihr eigentümliche Sanftmut weiß sie den Ausbruch seiner Heftigkeit zu dämpfen", wenn er erregt über die Vorkommnisse des Tages in ihre Stube stürzte, „und mit mehr als weiblicher Großmut trägt sie seine vielen Eigenheiten und Aufopferungen für das allgemeine Beste". „Sie scheint recht für Pestalozzi geschaffen zu sein", beurteilt ein Besucher die „alte, vortreffliche Frau"[2]); — man sieht, daß sie in den Stürmen der Ehe das rechte Maß von Beherrschung gelernt hatte.

Was sie mit ihren schwachen Kräften für das Institut zu leisten vermochte, übernahm sie gern. Sie erinnerte sich ihrer alten Kenntnisse im Geschäftsverkehr, und ihr Ordnungssinn trieb sie dazu, eine geregelte Buchführung einzurichten und mit Geist und Humor einen Teil der Korrespondenz zu erledigen. Die Bedeutung ihrer Anwesenheit für Pestalozzi selbst lag aber nicht in dieser positiven Hilfe, sondern in dem beglückenden Gefühl, seiner Frau die Heimstatt geschaffen zu haben und selbst darin wohnen zu dürfen[3]).

Nachdem Anna so seine Bestrebungen zum besten erfüllt gesehen hatte, warf eine schwere Krankheit sie nieder und führte sie an den Rand des Todes. Sie ging ihm getrost entgegen und läßt in den herzlichsten Abschiedsworten an die getreuen Lieben noch einmal ihr bewegtes Leben an dem inneren Auge vorübergleiten. „Lieber teurer Gatte! Du hast eine treue Gattin gehabt, die neben allen ihren Fehlern keine

---

[1]) Ms. Pestal. 550, 3. — [2]) P.-B. V, 18 (Torlitz).

[3]) Besonders eindringlich erinnert Niederer in der Grabrede auf Frau Anna, wie „Du [Pestalozzi] in Burgdorf alles auf Deine Gattin als den Mittelpunkt Deines Lebens bezogst, ihre Teilnahme und ihre Erhebung durch Dein Gelingen mit unaussprechlicher Sehnsucht erwartetest und Deine vertrautesten Ergüsse ... immer mit Tränen des Schmerzes über ihre Liebe endigtest." (Ms. Pestal. 550 III, 3)

Absicht hatte, als Dich und unser Haus glücklich zu machen. Ich wollte im Kleinen uns und unser Kind so mit Ehren durch die Welt bringen; — Deine Pläne gingen weiter und Gott half und wird ferner helfen[1])." Sie war von dem festen Glauben erfüllt, daß sein Werk gerettet sei. In dieser Gewißheit sah sie dem Ende heiter entgegen. —

Es erschien ihr selbst wie ein Wunder, daß sie von dieser Krankheit noch einmal genas, und in immer neuen Wendungen spottet sie darüber, „wie die alten Weiber so zähe"[2]). „Ich fange mich ... mit dem Sprichwort an zu trösten, was immer krachet, zerbricht nicht leicht[3]) ..." Aber alle Lebensfreude scheint nun dahin zu sein. Mit der helvetischen Regierung schwindet auch das Interesse des Kantons Bern an Pestalozzis Unternehmung, über das Schloß Burgdorf wird anderweitig verfügt, und nun heißt es, wieder auf Wanderschaft ziehen. Die Hoffnung auf einen ruhigen Lebensabend in Burgdorf ist zerstört. Frau Pestalozzi wäre gern geblieben[4]); die Unterhandlungen über eine neue Niederlassung interessieren sie wenig. „Ich muß diese Waal andern überlassen. Ich vermute, nun könne es nicht anderst seyn, als vor einmal Buchsy anzunehmen. Man fangt an, zu bauen, und die Erlaubnis ist uns zugekommen. Will das Verhängnis (!) es nach einicher Zeit anders, so wollen wir wieder unser Schiff dahin lenken[5]) ..." Sie hatte gelernt, zu resignieren. —

Es war geplant, daß sie kommen sollte, sobald das neue Heim eingerichtet wäre, aber sie hat Münchenbuchsee nie betreten. Sie begab sich nach dem Aargau zu der gastfreien Oberherrin, und zwischen Hallwil und Zürich — auf dem Neuhof lebte nun das junge Ehepaar Custer — verbrachte sie die nächsten Jahre, — denn es wurden unvermutet drei Jahre aus der auf Wochen berechneten Wartezeit.

Die Trennung war nicht wie die vorige eine solche der inneren Notwendigkeit, sondern wurde durchaus als vorübergehend empfunden. Die beiden Jahre des Naheseins hatten den Gatten erneut ihre enge Zusammengehörigkeit und die Möglichkeit einer neuen, innigeren Bindung erwiesen. Ihre stille Gegenwart in dem rastlosen Betriebe des Institutslebens war Pestalozzi eine Beruhigung gewesen; da er sich an die neue Gemeinschaft mit ihr gewöhnt hatte, vermißte er sie nun um so schmerzlicher. Er fühlte sich einsam „wie in

[1]) P.-B. XXVII, 18. — 1803. — [2]) Ms. Pestal. 54 a, 281.
[3]) P.-B. IV, 93. — [4]) Ms. Pestal. 550, 3. — [5]) Ms. Geßn. V, 522.

einem fremden Lande". „Meine alte Frau ist in Zürich und meine junge Frau ist nicht mehr mein, sie ist jetzt Frau Custer ... Sie wissen, was es ist, Haus, Frau und Kind in so kurzer Zeit zu verlieren und in meinem Alter bald da, bald dorthin versetzt zu werden wie ein Stock, den man nirgend gern hat[1]) ..." Seine Briefe klingen so müde und traurig, daß Frau Anna weinen muß, wenn sie sie liest[2]).

Sie sorgt sich nun ständig, daß der Gute sich übervorteilen ließe. Sein Edelmut war ihr erneut ans Herz gedrungen, und zu ihrem Schmerz hatte sie beobachten müssen, wie oft er ihm nicht gedankt wurde[3]). Auch fürchtet sie mit Recht, seine aus aller Liebe quellende Menschenunkenntnis ließe ihn falsche Freunde von wahren nicht unterscheiden und führe ihn wieder in Verwicklungen. Sie bittet, zu prüfen, und warnt, sich nicht zu übernehmen. „Haushaltungen sind nicht einzelne Menschen, das läuft weit — eine einzige schon, geschweige zwei oder drei ... und das Alter rückt mit schnellen Schritten bei dir und bei mir[4])." Die alte Anna Schultheß möchte dem feurigen Heiri Zügel anlegen, jetzt wie damals. „Ich sage nur: sorge auch einmal für Dich selbst und uns und leihe Dein Ohr beiden klagenden Parteien; nur zuerst tu alles, damit Dein angefangenes Werk nicht wanke, sondern im Flor bleibe. Kann meine Wenigkeit viel oder wenig leisten, so weißt Du, daß ich es für meine Pflicht erachte[5])." „Mei[ne] gedanken sind immer bey dir, Lieber! und deinem thun, mit euch allen, daß Gott eüer Werk mit Seegen begleite; ich mag krank oder gesund seyn; Leben oder sterben so bin ich bis an den letzten Athemzug, dann wieder jenseits Deine getreue Nane[6])." Sie empfand es als besonders beunruhigend, das Auf und Ab seiner Pläne untätig aus der Ferne mitansehen zu müssen; und wenn dann zwischenhinein immer wieder solche Schreckensnachrichten auftauchten, Pestalozzi wolle einem Ruf nach Rußland folgen oder nach Frankreich gehen, wurde sie fast krank vor Sorgen. Sie wollte ihn doch so gern bis an sein Grab in ihrer Nähe haben[7]).

Je schneller sie das Ende ihres Lebens heranrücken sahen, desto dringender wurde auf beiden Seiten der Wunsch nach einer endgültigen Wiedervereinigung[8]). Diesmal war es Krankheit, die Annas Übersiedlung hinauszögerte. „Ich bin aber sehr Verzicht auf diese Hoffnungen uns zu sehen gewohnt,

---

1) Morf III, 277. 1805. — 2) Morf III, 263. — 3) Morf III, 86.
4) Morf III, 310. — 5) Morf III, 263 f. — 6) Korr.-Bl. 1878, 4.
7) Ms. Pestal. 3 b, 102. — 8) Morf III, 275; — Ms. Pestal. 54 a, 281.

daß auch diesmal dachte, es hat nicht sein müssen[1])," schreibt sie wehmütig, als sich auch Pestalozzis Besuch bei ihr zerschlägt.

Obwohl sie selbst nie mehr zu vollen Kräften gelangt, pflegt sie doch noch wie in alter Zeit in Zürich die Schwägerin und den Bruder[2]) und freut sich der Freundschaft, die man ihr entgegenbringt[3]). Von alten Dingen wird nicht mehr geredet, deshalb geht alles gut[4]); die Geschwister wissen auch wohl, daß sie ihnen durch ihr Dasein ein Opfer bringt, und danken es Pestalozzi, das er ihnen seine Frau so lange überläßt. Und als sie beide kinderlos sterben[5]) — auch Annas jüngster Bruder, der „schwache, aber gute Lieny", war kurz vorher heimgegangen[6]) —, fällt auf Annas Teil ein so beträchtliches Erbe, daß fortan ihr Alter sichergestellt ist. Dieser unerwartete Zufall erleichtert sie in hohem Maße. Sie besitzt doch nun wieder einen Rückhalt für Zeiten der Krankheit und Not, ein kleines Kapital, das sie einst dem Enkel hinterlassen, einen Fonds, aus dem sie anderen beistehen und helfen kann, wie sie es als wohlhabende Zürcherin gewohnt war. Es bereitet ihr die reinste Freude, nun diesem und jenem Verwandten eine kleine Gabe zu senden. „Es hat mich gedünkt, da man es ein wenig könne, so häte es lange schon geschehen sollen. Ach, Lieber. ich weiß bisweilen nicht, wie mir ist, nicht immer die Hände in allem gebunden zu haben, doch glaube nur, das ich nicht um Eytelkeit oder für mich Ausgaben mache, und genau berechne, wo es nothwendig. Dann aber für meine Gesundheit will ich hingegen nichts versäumen. Ich danke dir für deine Liebe, daß du es auch so willt. Immer muß ich sagen, wie alles so wunderbar hat kommen müssen[7])..." Und zum erstenmal seit Jahrzehnten darf sie es sich leisten, der bösen Wunden an den Beinen wegen für ein paar Tage nach Baden zu gehen[8]).

Während des längeren Aufenthaltes in Zürich[9]) kam sie ein wenig unter Leute, sah Geßners und Lavaters, Bäbe Schultheß und Frau Schinz, deren Schwägerin, „die mich einladen ließen und in der Kutsche abholten". Sie wird mit der Zeit wieder zugänglicher und ist stolz darauf, aus eigener Anschauung von Pestalozzis Erfolgen berichten zu können und sich nicht mehr verstecken zu brauchen. „Frau Schinz hat

---

[1]) P.-B. XXVII, 18 f.
[2]) Ms. Pestal. 54 a, 281. — Tgb. 73. — [3]) Morf III, 87.
[4]) Mörikofer: Heinrich Pestalozzi und Anna Schultheß, a. a. O. S. 123.
[5]) August 1805 und Februar 1806.
[6]) Am 29. III. 1805 (Tgb. 77). — Ob er Lienhard Modell gestanden hat?
[7]) Ms. Pestal. 54 a, 281. — [8]) Korr.-Bl. 1878, 4. — [9]) 1805/6.

sich jntressiert für dich und deine Methode, sogar mich geschmält, daß ich die Methode nicht noch erlernt. Ich sagte, ich wäre zu alt. Nein, freylich nicht, sagte sie recht schnöd[1])." So viel versteht sie aber doch davon, um bei der Besichtigung einer Schule zu bemerken, daß die Methode in Zürich arg verhunzt würde. Je fester sich das Institut nunmehr in Iferten behauptet, desto größere Sicherheit gewinnt ihre Haltung den Freunden gegenüber. Endlich darf sie wieder mit Berechtigung an die frühesten Zeiten und Verhältnisse anknüpfen. —

Noch ein besonderer Anstoß rief ihr die Jugendjahre ins Gedächtnis zurück: Niederer plante eine Lebensbeschreibung Pestalozzis und bat Frau Anna um Material dazu[2]). Da holte sie die wohlverwahrten Brautbriefe hervor, und beim Durchsehen stiegen die vertrauten Gestalten der Jugend neubelebt aus dem Dunkel der Vergessenheit empor. Großherzig und ohne Zögern, wie sie stets ihre Gaben hingegeben hatte, vertraute sie Niederer diesen geheimsten und persönlichsten Schatz an, weil sie eingesehen hatte, daß Pestalozzi nicht mehr ihr allein, sondern der Menschheit, und seine Liebe nicht mehr nur Anna Schultheß, sondern dem Volke angehörte. Er hatte es bereits vermocht, seine innersten Gefühle der breiten Öffentlichkeit zu offenbaren; ihr fiel es nicht leicht, auch nur einigen wenigen Vertrauten Einblick in ihre innigsten Beziehungen zu gewähren. Als Frau hing sie pietätvoll an persönlichen Erinnerungsstücken, aber zugleich verstand sie um so besser Niederers Überzeugung, daß für die Erscheinung des Pädagogen das Menschlichste auch das eigentlich Wesentliche sei, und daß das Verhältnis zu seiner Gattin einen so erheblichen Teil zu seiner Persönlichkeitserkenntnis beitrage, daß es nicht übergangen werden dürfe. „Was er in der Verbindung mit Ihnen war, war sein schönstes Leben", bekennt Niederer, der Pestalozzi tief verstanden hatte. „Wenn ich es nie geglaubt hatte, so würde ich mich in diesen Zeiten und durch Ihre und seine wechselseitigen Briefe überzeugt haben. So göttlich flammt die Liebe und die Treue nicht auf, so kann man nicht aneinander hängen, wie Sie aneinander hängen, nicht sprechen, wie er von Ihnen spricht und Sie ihm schreiben, sich nicht bekümmern mit der innigen, heißen, glühenden Sehnsucht, wie er sich um Sie und Ihre Gesundheit bekümmert, wo das frühere Beisammenleben nicht mehr war, als das einer gewöhnlichen Verbindung[3])." Aber nur soweit die Veröffentlichung Pestalozzi direkt betraf, hielt sie sie für

---

[1]) Ms. Pestal. 54 a, 281. — [2]) Morf III, 336 ff. — [3]) Morf III, 339 f.

berechtigt; daß auch sie selbst aus der ängstlich gehüteten Zurückgezogenheit hervorgeholt werden sollte, berührte sie peinlich. Und als sogar — und, wie es schien, durch Pestalozzis eigene Schuld[1]) — ihr Verhältnis zu Menalk in einer Auffassung bekannt wurde, die das geheiligte Andenken des verehrten Freundes zu entweihen drohte, wehrte sie sich energisch. Sie fühlte sich tief verletzt und mußte erkennen, daß es bitter und schmerzhaft ist, geheime Zusammenhänge Fremden preiszugeben und das persönliche Leben an ein öffentliches zu verlieren.

2.

Endlich waren alle Hindernisse ihrer Übersiedlung beseitigt, und im Sommer 1807 machte sie sich auf den Weg in die welsche Schweiz, die ihre letzte Heimat sein sollte. „Ich habe selbst geglaubt, als das Häuslein gebauen war, lag Lazarus nieder und starb“[2]); — aber diesmal ging es doch besser als sie fürchtete, und sie kam wohlbehalten in Iferten an. Pestalozzi war beglückt, sie wieder bei sich zu haben. Aus seinem Überschwang heraus schreibt er alten Freundinnen, an die er lange nicht mehr gedacht hat, und teilt ihnen seine Freude mit[3]). Er steht nun auf der Höhe seines Ruhms. Der Tag, auf den er sein Leben lang gehofft: seiner Nanne durch sein Werk ihre Aufopferungen vergelten zu können, ist gekommen. Ihm ist, als führe er Anna Schultheß zum zweitenmal heim, diesmal in ein stolzes, altes Schloß mit vier unerschütterlich starken, runden Türmen, die ihren gesicherten Lebensabend beschützen sollen. Auch sie ist der bräutlichen Nanette ähnlicher geworden als der vergrämten Frau Pestalozzi vom Neuhof. Sie ist nun fast siebzig, aber kein „altes Mütterchen“, sondern auch jetzt noch eine hohe, stolze Erscheinung, nur sanfter und abgeklärter als früher. Unzählige kleine Fältchen haben die Schmerzenslinien um den Mund verwischt und einen Zug weicher Güte hineingelegt, den sie früher nicht besaß[4]); sie gibt sich nun freier, offener, gelöster, als sei sie bereits auf dem Wege zur Ewigkeit und alle Hemmungen von ihr abgefallen. Ihr religiöser Glaube hat ihr am Ende ihres Lebens endlich die „innere Ruhe“ erkämpft, um die sie in jungen Jahren so schwer gerungen hatte. Nun wird sie mit Recht die „Mutter Pestalozzi“ genannt, die dem Hause seinen Mittelpunkt gibt.

Ihren wechselnden Gesundheitszustand — in jedem Winter liegt sie viele Wochen fest darnieder und vermag erst mit

[1]) Korr.-Bl. 1878, 4. — [2]) Ms. Pestal. 54 a, 281. — [3]) Isr. II, 162.
[4]) Vgl. das Bild: B. i. P., Taf. 19.

Beginn des Frühlings ein paar Schritte von der Tür zum Fenster und zum Lehnstuhl „auf Ebenen" zu gehen[1]) — erträgt sie mit bewunderungswürdigem Gleichmut. Daß der Tod sie noch nicht mit sich genommen, obwohl sie nun die Nächste zum Grabe ist, beweist ihr, daß er sie noch nicht reif und rein genug befunden habe, vor Gott zu erscheinen. Es ist darum ihr täglicher Vorsatz, es immer mehr zu werden[2]); aber solange ihr das Leben gegeben ist, erfreut sie sich auch daran und ist dankbar für die Erfüllung, die Pestalozzis Traum endlich erfahren hat. Sie benutzt sogar, um sich zu pflegen, mit gutem Erfolge die Thermalbäder von Iferten und genießt zufrieden einen „schönen Abend" ihres Lebens. „Gott hat Großes an uns getan[3])." —

Der Frieden ihrer Seele teilte sich auch ihrer Umgebung mit, und so wird sie, ohne ihr Zimmer zu verlassen, zur Teilnehmerin aller Geschehnisse draußen, die ihr vertrauensvoll mitgeteilt werden und die sie mit gütigem Interesse entgegennimmt. Wie eine hochverehrte Königin wohnte sie, wie in Burgdorf, in dem ruhigsten Teil des Schlosses still für sich allein, führte ihre eigene Haushaltung und lud von Zeit zu Zeit besonders bevorzugte Lehrer und Schüler zu sich zu Gast. Pestalozzi aß gewöhnlich nicht mit ihr, sondern mit den Zöglingen im Institut; zuweilen aber war er besonders geladen oder bat selbst darum, eine „Suppe" bei ihr essen zu dürfen. Es ging in ihrem Stübchen stets ein wenig feierlich her, weil in ihm allein auf Anstand und Sitte gehalten wurde, woran es im übrigen Hause zuweilen mangelte. Nach seinem Mittagessen pflegte Pestalozzi regelmäßig zu einer Tasse schwarzen Kaffees zu seiner Frau hinaufzugehen, und es war eine besondere Gunst für ausgezeichnete Gäste, dabei anwesend sein zu dürfen. Die Gespräche, die dann geführt wurden, waren oft geistreich und bedeutend, meist heiter und witzig[4]). Amüsant zu beobachten war der Ton, in dem die beiden Alten miteinander verkehrten. Die innige Liebe zueinander strahlte ihnen aus den Augen, und Pestalozzi hätte seine Frau auf Händen tragen mögen und war unablässig bemüht, die Stürme seines äußeren Lebens nicht bis an ihr ruhebedürftiges Gemüt dringen zu lassen. Trotzdem brauchten sie nur zehn Minuten beieinander zu sein, um zum Er-

---

[1]) P.-B. III, 30 ff.; IV, 40. — Morf I, 136 ff.; — P.-St. VIII, 82 f.; — Ms. Geßn. V, 522; — Ms. Pestal. 823 a, 53 f.

[2]) P.-St. VIII, 46 f., an Muralt. — [3]) P.-B. IV, 93 f.

[4]) P.-St. V, 107 f. (Henning). — Johannes Ramsauer: Kurze Skizze, a. a. O. S. 46.

götzen der Zuhörer in ein „Zänkeln" zu geraten, wozu seine äußere Erscheinung oder seine „(wie sie es nannte) Verschwendung der Wohltaten bald an Unbekannte, bald an Undankbare"[1]) gewöhnlich den Anstoß gab. Sie spottete aber auch gar zu gern über seine Wunderlichkeiten, die sich mit zunehmendem Alter häuften. Als er plötzlich anfing, Steine zu sammeln, fürchtete sie, daß er bei seinem „Steinreichtum" und seinem „Menschenreichtum... noch blutarm werden könnte"[2]); und als er sich über das Kreuz, das der Kaiser von Rußland ihm verliehen hatte, wie ein kleines Kind freute, meinte sie: sie hätte geglaubt, er habe — an ihr, setzte sie schnell hinzu — „ja schon vorher genug Kreuz in der Welt gehabt"[3]). Wenn aber ihre Warnungen seinen Wünschen widerstanden, ging das Geplänkel auch manchmal in Ernst über. „Da lief er oft ungeduldig und zürnend davon, kehrte dann später mit einem Spaß oder mit einem Witz zurück, um seine Ungeduld vergessen zu machen[4])." Des Abends bewegte sie ihn dazu, eine Partie „Boston" oder „Mariage" mit ihr zu spielen[5]), „er mochte es gern tun oder ungern". Meist war er aber mit seinen Gedanken nicht bei der Sache; er hielt selten lange aus und „legte oft plötzlich die Karten wieder hin und eilte auf sein Arbeitszimmer"[6]). Der Frieden aber, der von ihr ausströmte, erquickte und beruhigte sein leidenschaftliches Gemüt.

Weil sie sich äußerlich in gar keine Angelegenheiten des Hauses mischte, wurde bemängelt, dem Institut, das ein wahres Familienleben nachzubilden bestrebt sei, fehle die Hausmutter, die den Antrieb zur Ordnung und zum gesitteten Benehmen hätte geben sollen[7]). — Die Kritik ist nicht unberechtigt. Frau Pestalozzi galt eigentlich weniger als die Mutter, sondern eher als die Großmutter des Hauses; sie griff nicht mehr tätig handelnd in den Tageslauf mit ein, sondern ließ die Kindlein zu sich kommen.

Im wahren Sinne des Wortes. Ein paar Kinder, die sie nun schneller in ihr Herz schloß als das Aargauer Bettelvolk, weilten häufig in ihrer Stube[8]) und erfreuten sie durch ihre fröhlichen Spiele[9]). Es waren vorzüglich die Neuangekommenen, Kränklichen, Schonungsbedürftigen, die sie auf diese Weise langsam und liebevoll an die neue Umgebung ge-

[1]) Ramsauer, Pestalozzische Blätter, S. 66 ff.
[2]) P.-St. VIII, 77. — [3]) Korr.-Bl. 1878, 3.
[4]) Frauenfeier, a. a. O. S. 11 (Kasthofer).
[5]) Aargauer Schulblatt 1883, S. 13 f.; — Ms. Geßn. V, 522.
[6]) Blochmann, a. a. O. S. 86. — [7]) P.-B. XXVII, 9 (Schacht).
[8]) X, 341. — [9]) P.-St. VIII, 1 ff.

wöhnte. So ist sie imstande, den besorgten Müttern eingehender und individueller über die kleinen persönlichen Angelegenheiten der Buben zu berichten, als es vom Institut aus geschehen könnte, und die jungen Frauen in der Ferne sind erfreut und beruhigt[1]).

Auch die jungen Lehrer und die Mädchen vom Töchterinstitut stehen in kindlichem Verhältnis zu ihr. Fröbel besuchte während seines Ifertener Aufenthaltes die „würdige Gattin Pestalozzis" „oft des Tages mehrmals"[2]); Blochmann und Ritter[3]) vertrauten ihr ihre persönlichen Angelegenheiten. Besonders nah standen ihr der preußische Eleve Henning und seine Braut Martha Pfenninger[4]), denn sie war eine Tochter des früh verstorbenen Jugendfreundes, mit dem die junge Nanette einst musiziert hatte. — Von allen Seiten genoß die Mutter Pestalozzi höchste Liebe und Verehrung, die ihr allein das Leben „schätzbar" machten[5]).

Vornehme Gäste wurden in ihrem Reich empfangen und bewirtet[6]), weil es dort am repräsentabelsten zuging; sogar die Herzogin von Sachsen kehrte bei ihr ein und nötigte sie zum Tee neben sich aufs Sofa[7]); und mit den interessanten Frauen Karoline von Wolzogen[8]) und Therese Brunsvik[9]), Beethovens „unsterblicher Geliebten", die sich Wochen und Monate zur Erlernung der Methode in Iferten aufhielten, blieb sie auch fernerhin in Beziehung. Ihre Korrespondenz war überhaupt ungeheuer groß; sie nennt sich selbst „schreibselig"; denn noch in Zeiten der Krankheit, wo ihr jegliche Betätigung Mühe verursachte, schrieb sie seitenlange Briefe an ihre Freunde und fertigte ihnen Abschriften an von Briefen Dritter[10]) und Auszüge aus interessanten Schriften über Pestalozzis Institut[11]). — Von einem völlig abgeschlossenen Leben kann also, wie man sieht, nicht durchaus die Rede sein, und wirkliche Ruhe wird die alte Dame in einem

---

[1]) Pestalozzi und Frankfurt a. M., hg. von dem Arbeitsausschuß für die Pestalozzifeier 1927. S. 168 ff. (an Frau de Bary); — Ms. Geßn. V, 522 (an Lotte Geßner).

[2]) R. Stiebitz: Fr. Fröbels Beziehungen zu Pestalozzi. Leipzig 1913. S. 46.

[3]) Morf IV, 41 f. — [4]) P.-St. I, 141; VI, 48; 64; 78; VIII, 189.

[5]) P.-B. IV, 31.

[6]) Eduard Biber: Beitrag zur Biographie Heinrich Pestalozzis. St. Gallen 1827. S. 57 f. — Morf IV, 28.

[7]) P.-St. VIII, 1 ff.

[8]) Ms. Pestal. 550, 3. — Vgl. Gustav Schulz: Ein Jünger Pestalozzis. Erfurt 1909.

[9]) La Mara: Gräfin Therese Brunsvik, die unsterbliche Geliebte Beethovens. In: Die neue Rundschau 19 (1908), S. 94. — Franz Kemény: Gräfin Maria Theresia Brunszvik. In: Pestalozzi-Studien, Bd. II, Berlin 1932.

[10]) P.-St. IV, 6. — [11]) Ms. Pestal. 550, 4.

Hause schwer gefunden haben, das ständig eine ganze Schar von Fremden aus aller Herren Länder mit Kind und Kegel beherbergte. Aber sie behielt es in ihrer Hand, den Verkehr mit den Institutsangehörigen und ihr Erscheinen im Hause nach ihrem Belieben und ihren Kräften einzurichten.

Besondere Gelegenheiten, bei denen sich das ganze Haus zusammenfand und selbstverständlich auch sie nicht fehlen durfte, waren die Feiern und Feste des Heims. Der Neujahrstag wurde alljährlich feierlich begangen; und in den Reden, die Pestalozzi bei diesen Gelegenheiten an sein Haus hielt, gedachte er auch regelmäßig seiner Gattin, die in einem langen, wildbewegten Leben geduldig neben ihm ausgehalten hätte[1]). Seine Gewohnheit, die Lieben seines Hauses in diesen Ansprachen persönlich bei Namen zu nennen, muß zuweilen eine harte Probe ihrer Standhaftigkeit gewesen sein; denn er scheute auch vor grauenvollsten Darstellungen und Anklagen nicht zurück. Was mag die tieferregbare Frau empfunden haben, als Pestalozzi zu dem ersten Neujahrsfest, das sie in Iferten miterlebte, einen Sarg und einen Totenschädel in dem Gebetsaal aufstellen ließ und mit den Worten darauf hinwies: „Vielleicht enthält er in diesem Jahr meine Gebeine oder die Gebeine eines Weibes, das um meinetwillen alles Glück des Lebens mißte[2])!?" — Man erkennt, daß es wahrlich nicht leicht gewesen ist, dem Manne durch die Irrgärten seiner zügellosen Phantasie zu folgen.

Gewöhnlich boten jedoch die bei jedem möglichen Anlaß arrangierten Feste genug Stoff zur Freude. An einer frohen Wasserfahrt auf dem Neuenburger See mit Musik und Gesang zur Traubenlese nach Grandson beteiligte sich auch die Mutter Pestalozzi[3]). Bewegender waren für sie die Geburts- und Namenstagsfeiern, die man Pestalozzi und ihr zu Ehren veranstaltete[4]). Unvergeßlich blieb ihr der Beweis allgemeiner Liebe und Hochachtung aus Anlaß ihres vierzigsten Hochzeitstages[5]). Eine ernste und ergreifende Feier, bei der viele Reden gehalten und Lieder gesungen wurden, ging einem Nachtessen mit dreihundert Personen voran. Dann wurde getanzt. Als erster führte der ewig junge Pestalozzi seine würdevolle Gattin zu einer steifen, „altmodischen Duette". —

---

[1]) X, 415; 479 f. — [2]) X, 386. — Vgl. die Szene bei Schäfer: a. a. O. S. 349.
[3]) Morf IV, 32.
[4]) Feyer des Geburtstages Pestalozzis in Iferten am 12. Jänner 1808. In: Morgenblatt für gebildete Stände, 1808, S. 98 ff. — Morf I, 124; — P.-St. V, 61.
[5]) Ms. Pestal. 550, 3 (30. IX. 1809).

Es ist auffallend, um wieviel wärmer und innerlich beweglicher — trotz aller körperlicher Behinderung — die alte Frau Pestalozzi im Gegensatz zu der jungen erscheint. Die geordneteren äußeren Verhältnisse und die allgemein anerkannte Stellung, die ihr Gatte einnahm, trugen viel dazu bei, ihre empfindliche Seele zu entlasten. Man mag darüber nachdenken, ob sich bei einem minder drückenden Lebensgange etwa mütterliche Züge ihres Wesens günstiger entwickelt hätten, da sie zu den Menschen gehörte, die in der Sonne des Glücks zu schönerer Form aufblühen als im Schatten des Leides. Pestalozzi selbst pries zwar die Jahre der Verzweiflung, die ihn erst zu dem gemacht hätten, was er geworden wäre; sie aber entfaltete erst in den letzten gesicherten Jahren ihres Lebens jene Milde und Abgeklärtheit ihres Wesens, die alle Besucher so hoch an ihr verehrten.

Ihre schönste Erscheinung zeigt die alte Mutter Pestalozzi in ihrem Verhältnis zu den Söhnen ihrer Wahl: zu Muralt und Mieg.

Johannes von Muralt[1]) war der Sohn einer einst aus Locarno eingewanderten Zürcher Aristokratenfamilie, auf Universitäten Deutschlands und Frankreichs gründlich theologisch gebildet und in der vornehmen Welt herumgekommen, von starkem pädagogischen Interesse. Ein glänzendes Angebot als Erzieher in das Haus der Mme. de Staël schlug er aus, um Pestalozzi zu folgen, dessen Echtheit und Tiefe ihn ergriffen hatten. In Burgdorf und Münchenbuchsee leistete er dem Institute als Hauptlehrer unschätzbare Dienste vermöge seiner unparteiisch tätigen, heiteren und lebensfrohen Persönlichkeit. Das offenherzige Knabengesicht mit den strahlend blauen Augen[2]) nahm jeden ein, der es sah. Seine praktisch-organisatorischen Fähigkeiten, verbunden mit einem ursprünglich pädagogischen Geschick, die Lebendigkeit und Freudigkeit seines Wesens auch auf andere Menschen zu übertragen, erhoben ihn zum allgemein geliebten und geachteten Vertrauensmann des Institutes.

Frau Anna lernte ihn schon in Burgdorf schätzen, und auch er empfand für die Gattin Pestalozzis unbegrenzte „Liebe, Achtung und Erkenntlichkeit"[3]). In Iferten erwuchs daraus eine gegenseitig so innige Zuneigung, daß sie die beiden wie

---

[1]) 1780—1850. Hermann Dalton: Johannes von Muralt. Wiesbaden 1878. — Franz Waldmann: Pestalozzi und Muralt. Separatabdruck aus der St.-Petersburger Zeitung. Schaffhausen 1896.

[2]) Vgl. sein Bild: P. i. B., Taf. 68. — [3]) Ms. Pestal. 550, 3.

Mutter und Sohn miteinander verband. Frau Pestalozzi liebte an ihm den jungen feingebildeten Aristokraten, dessen gleichmäßig freies, offenes Wesen sich ihr sehr wohltuend von dem zwischen Gedrücktheit und Maßlosigkeit schwankenden Benehmen der aus niederen Verhältnissen emporgekommenen Hauptmitarbeiter Pestalozzis unterschied. Sie schätzte vor allem sein grundehrliches Herz, das so gar nicht auf eigenes Wohl bedacht war, sondern die Angelegenheiten des Hauses mit unbeirrbarer Objektivität und Gerechtigkeit erledigte. Und sie erfreute sich an der köstlichen Naivität seiner reinen, kindlichen Seele, wie sie von je — in dem jungen Pestalozzi, in der Freundin von Hallwil und der Tochter Magdalena — die rückhaltlose Hingabe und fromme Einfachheit des Herzens, mit einem Wort: die innere Ruhe geliebt hatte, die ihr selbst so sehr mangelte. In Muralt war ihr der Sohn ihres Herzens erstanden, dem einst ihr Jacqueli in jeder Hinsicht so wenig genügte. Und wie Pestalozzi um Nicolovius geworben und seither eine zahlreiche Jüngerschaft um sich versammelt hatte, so warb —, nein, so nahm und gab sie jetzt dem jungen Muralt ihre volle, langverhaltene mütterliche Liebe. Er ist der Sonnenschein am Abend ihres Lebens; die Liebe zu ihm und ihre Erwiderung gibt ihr eine neue Bindung an diese Erde. Und als er Iferten verläßt, um einem ehrenvollen Rufe als deutsch-reformierter Pfarrer nach Petersburg Folge zu leisten, da trauert sie nicht um einen Verlust, weil sie weiß, daß ihre Zusammengehörigkeit die Entfernung überbrücken wird. „Mag es alle Welt wissen, mehr mag es Ihrem edlen Herzen wohltuend seyn, Ihnen zum letzten Lebewohl zu sagen, wie glücklich Sie uns in der Reihe von Jahren gemacht, die wir mit Ihnen verlebten. Ich habe Sie wie meinen eignen Sohn lieb gehabt. Wie oft waren Sie der Trost und die Stütze meines Alters. Sie haben Großes und Liebes unserm Hause getan... Das Gefühl meiner Liebe und Dankbarkeit folget Ihnen[1]).“ Für ihn legt sie ein Tagebuch in Briefform an, das ihn fortlaufend von dem Leben in Iferten und dem Ergehen seiner zurückgelassenen Freunde unterrichten soll. Es ist ein schönes Zeugnis sowohl ihrer teilnahmsvollen Stellung zum Institut als ihres treuen Gedenkens an den fernen „lieben Sohn“; denn „lassen Sie mich Ihnen so den Titel meines Herzens geben, und sollte bisweilen ein „Du“ dazu kommen, dann ist es mir immer, als sei mir ein lieber leiblicher Sohn in die andere Welt gegangen“[2]), schreibt sie und hat damit

[1]) Ms. Pestal. 550, 3 (14. VII. 1810).
[2]) P.-St. VIII, 1 ff. — Korr.-Bl. 1878, 3.

alle Hemmungen, die sie gehindert hatten, ihre Gefühle geliebten Menschen gegenüber zu offenbaren, endlich restlos überwunden.

Neben Muralt steht der ältere, bedächtigere, gleichermaßen geradsinnige und gerechte, selbstlose Johann Elias Mieg[1]), der zweite ihrer Sohnesfreunde. Er war als Hofmeister des kleinen Abraham Willemer, eines Sohnes des Frankfurter Kaufmanns Willemer, des Gemahls von Goethes Suleika, mit seinem Zögling nach Iferten gekommen und hatte dort drei Jahre lang erfolgreich und anerkannt am Unterricht und der Gestaltung des Heimlebens teilgenommen. Seine Freimütigkeit, Schäden aufzudecken, seine Bereitwilligkeit, an ihrer Behebung mitzuarbeiten, machten ihn in wirren Zeiten zum Reorganisator hervorragend geeignet. Und Frau Pestalozzi, die den vollkommensten Menschen, das „Ebenbild Gottes", ein Vorbild dessen, „wie die Menschen sein sollen", in Mieg erblickte[2]), glaubte bis an ihren Tod, daß dem bedrohten Hause nur durch seine unbestechliche Rechtlichkeit Rat und Hilfe kommen könnte. Aber auch die dringendsten Bitten vermochten nicht, ihn wieder nach Iferten zurückzubewegen, nachdem er es einmal schweren Herzens verlassen hatte. Er scheint — wie Muralt, der vielleicht auch mit aus diesem Grunde sich still und traurig von Pestalozzi löste — tief eingesehen zu haben, daß die Konflikte Quellen entsprangen, die von außen her nicht verstopft werden konnten. Daher richteten sich seine Besserungsvorschläge immer wieder an das Innere der Persönlichkeiten mit dem eindringlichen Appell, nach bestem Wissen und Gewissen ihr Möglichstes zur Lösung der Krisen beizutragen. — Er sprach damit auch Frau Pestalozzi aus der Seele, die ebenfalls mehr an den objektiven Sieg der guten Sache als an einen Sinn und Zweck des Parteigezänks glaubte. Vorzüglich um ihretwillen versuchte er brieflich und persönlich zu vermitteln; doch scheint er an einen durchgreifenden und nachhaltenden Erfolg seiner Bemühungen selbst nicht recht geglaubt zu haben. —

Es ist charakteristisch für Frau Pestalozzi, daß sich auch in diesen Freundschaftsbeziehungen ihr aristokratisches Feingefühl in der Auswahl der Besten und Feinsten eines Kreises hervorragend bewährte; daß es die Uneigennützigsten waren,

---

[1]) 1770—1842. P.-B. XXIII, 5.

[2]) P.-B. XXIII, 6 f. — Mieg an Frau Pestalozzi: P.-B. XXIII, 23 ff.; 34 f.; Ms. Pestal. 550, 3. Hier sind nur die Antworten Miegs erhalten, während im ersten Falle die Briefe der Mutter Pestalozzi an Muralt vorhanden sind. Sie wirken natürlich lebendiger; aber auch abgesehen von dieser Äußerlichkeit war das Verhältnis zu Muralt das innigere.

die sie an sich heranzog. Die grundlegende Verschiedenheit ihrer Einstellung von Pestalozzis Wesensart tut sich noch einmal offen kund. Sie steht dem Institute in dem Augenblicke innerlich am nächsten, wo es äußerlich auf der Höhe seines Ruhms angelangt ist, Pestalozzis Idee aber am wenigsten entspricht. Die Kinder aus den vornehmen Häusern Geßner, Wolzogen, Tranché, de Bary versammelt sie wie eigene Enkel um sich, und feingebildete Männer wie Muralt und Mieg nennt sie ihre Söhne. Aber den Armen und Bedürftigen steht sie auch jetzt noch fern. Die schweren Bauerntypen Niederers und Schmids bleiben ihr fremd und unheimlich.

Darum ist die Frage, auf welche Seite sie sich bei den schon zu ihren Lebzeiten ausbrechenden Streitigkeiten stellte, nicht einfach mit der Zugehörigkeit zu dieser oder jener Partei zu beantworten. Sie waren ihr eigentlich beide gleich unsympathisch, weil sie erkennen mußte, wie sehr die Unstimmigkeiten Pestalozzi bekümmerten und schadeten. Schmid hielt sie auch für einen von denen, die der gute Vater Pestalozzi an seinem Busen aufzog, um am Ende nur Undank und Spott für Liebe und Güte zu ernten; und sie kann nur den Kopf schütteln, daß er ihn trotzdem immer wieder aufnahm „wie der evangelische Vater seinen verlorenen Sohn". Sie zeigte ihm deutlicher, was sie über ihn dachte[1]). Und auch Niederer wäre ihr „doppelt willkommen, wen er ohne Fehde oder geendigter wieder zurückkomme". Den „Federkrieg" fand sie „höchst leidend". „Ich denke halt so einfältig davone: Ist eine Sache vor Gott und Menschen gut, so wird sie bestehen, mag doch die Hölle selbst wüten — — ist sie es nicht, so werden alle Waffen nichts nützen[2])."

In diesem Sinne: im Glauben an das edle Herz Pestalozzis scheint sie im Geiste Muralts und Miegs, unparteiisch und gerecht, die Stimmung im Institut sanft, aber bestimmt beeinflußt zu haben. Ohne tätig einzugreifen, beruhigte sie die erregten Gemüter von ihrem stillen Stübchen aus, denn sie besaß ihre bestimmte Meinung über jegliche Angelegenheit, die sie gerade heraus auszusprechen wagte, weil sie unpersönlich und sachlich klar durchdacht war. Wenn sie dann auch zuweilen etwas „mit der Tür ins Haus" hineinstürzte, wirkte ihr Urteil zwar nicht immer ganz angenehm, „weil es weibermäßig ist, ... denn die müssen sanft wie ein Lamm sein, sonst heißt es: ‚Das ist eine böse Alte'." Aber man sah doch bald genug ein, „es habe zuweilen auch sein Gutes"; und so hat

[1]) Ms. Pestal. 550, 3, an Vogel. — P.-St. VIII, 47 f., an Muralt.
[2]) Ms. Geßn. V, 522.

sie in aller Ruhe es doch schließlich erreicht, daß die erregten Gemüter sich noch einmal besänftigten; „um meinetwillen, wie mir scheint“[1]). Weil sie nun das Leben wirklich überwunden hatte und sich selbst ganz außerhalb aller Interessen stellte, wurde sie gern und ohne Widerspruch als objektiver Richter anerkannt. Denn für sich selbst erwartete sie nichts mehr. „Ich habe so viel Überwindung gelernt, daß ich alles von der Vorsehung gern annehme[2]),“ vermag sie nun zu versichern. „In Gottes Namen immer ist der beste Trost, daß alles von einer höheren Hand geschehe, die auf das beste und sicherste leitet und führet, bis es heißt: ‚Es ist vollbracht[3])!‘“

Die letzte Sorge, die ihr auf Erden noch übrig blieb, war die um die Zukunft des Enkels Gottlieb. Er war ein fröhliches und gutmütiges Kind, aber etwas träge und nicht von besonderen Geisteskräften, seinem Vater in diesen Jahren recht ähnlich. Es ist rührend zu beobachten, mit wieviel Wärme und Innigkeit die Großmutter an dem Kinde hängt, wieviel weicher und rücksichtsvoller sie ihn behandelt als den Sohn. An ihm möchte sie wieder gutmachen, was an Jakob gefehlt worden ist, und ihre Fürsorge verliert nie den leisen Unterton zitternder Angst, ob es auch gelingen werde, dem Enkel ein freundlicheres Leben zu gestalten als seinem unglücklichen Vater. Sie sieht den Fehler in Jakobs Erziehung vor allem in der zu großen Freiheit und Ungebundenheit, die er genossen, und versucht daher von vornherein, Gottlieb in feste Formen einzufügen und ihn etwas Tüchtiges lernen zu lassen. „Haltet ihn doch zu Fleiß und Ordnung,“ bittet sie Pestalozzi. „Er ist noch so ungeschikt und verzogen, villicht schwach dabey. Da bestimme ihn, wozu seine Fähigkeiten es erlauben, aber immer an etwas, daß sein Leben es wen er [auch] jetzt schon mehr Aussicht hat — durch diesen Fleiß nicht müßig in etwas Gründlichem kann durchgebracht werden. Ich kenne kein glücklicheren Zustand, als durch dies, daß man von niemand abhangen muß (!) und so schlecht und recht durch die Welt kommt. Ein Gelehrter wird er scheint's nicht werden. Mir ist immer, ich müsse von ihm auf diese Art reden, je mehr ich junge Leute sehe, die so wenig dem entsprechen, was man aus ihnen haben wollte — Hallweil ist wieder ein trauriges Beyspiel[4])...“ — Sie durfte erleben, daß diese Sorge von ihr

[1]) P.-St. VIII, 46, an Muralt, Februar 1812.
[2]) P.-St. VIII, 44. — [3]) Ms. Geßn. V, 522.
[4]) Ms. Pestal. 54 a, 281. — Korr.-Bl. 1878, 4.

genommen und Gottliebs Berufsfrage zum besten gelöst wurde. Durch Vermittlung des Freundes Vogel in Zürich kam er zu dem Gerbermeister Hauser in die Lehre, wo er sich wohlfühlte und gute Fortschritte machte[1]). Es war eine Herzensfreude für die greise Großmutter, bei einem Besuch in Wädenswil selbst beobachten zu können, wie glücklich sich Gottliebs Leben und wie aussichtsreich sich seine Zukunft gestaltete[2]).

Pestalozzi selbst betrachtete diese Regelung mit gemischten Gefühlen. Er hatte die Hoffnung noch nicht aufgegeben, das Streben seines Lebens in dem einzigen Abkömmling seiner Familie fortleben zu sehen, und war betrübt bei sich selbst, daß dieser brennende Wunsch von seinen Nächsten durchkreuzt wurde. Andererseits mußte er in Erkenntnis seiner eigenen praktischen Unbrauchbarkeit ihre Vorsicht loben, Gottlieb eine „bürgerliche Begangenschaft" lernen zu lassen[3]). Man suchte ihm begreiflich zu machen, daß der Enkel sich nach vollendeter Lehrzeit ja immer noch dem Institut widmen könne — wie es ja später auch tatsächlich der Fall war —; aber er fühlte sich doch im geheimsten tief gekränkt, „beides, über mein Unglück und über meine Fehler"[4]).

Zu dieser Übergehung seiner persönlichen Wünsche kam noch eine Bevogtung in finanzieller Hinsicht. Frau Pestalozzi hatte noch ein letztes Mal von ihrem Bruder Heinrich geerbt[5]), und mit diesen unerwartet zufließenden Mitteln sollte die wieder einmal ins Ungemessene gestiegene ökonomische Verwirrung des Instituts noch einmal behoben werden. Wieder gab Mutter Pestalozzi Tausende von Gulden zur Befriedigung der Gläubiger her[6]), und zugleich wurde zum Schutze vor sich selbst Pestalozzis eheliche Verfügungsgewalt über Annas restliches Vermögen soweit gebunden, daß dadurch sein eigenes und das Alter seiner Frau, der Bestand des Ifertener Instituts und des Neuhofs sowie die Zukunft Gottliebs sichergestellt schienen. Man setzte wechselseitige Testamente auf[7]), in denen von seiten der Frau sogar auch der Armenschule, Pestalozzis „Herzensangelegenheit", gedacht wurde. Pestalozzi fühlte sich jedoch aus allzu großer Fürsorge seiner Lieben in seinem schönsten Streben behindert, denn das Verfahren sah einer Entmündigung nicht unähnlich; — Frau Anna aber glaubte nun endlich beruhigt sterben zu dürfen.

---

[1]) Ms. Pestal. 550, 3. — [2]) E. Bl. 116 f., Juni 1814.
[3]) X, 580. — Vgl. Ms. Pestal. 3 b, 104. — [4]) XII, 219.
[5]) Morf I, 138. — [6]) Morf IV, 346. — [7]) XII, 540 ff.

Immer noch nicht war ihr der Friede beschieden. Die Regelung erwies sich nicht als durchgreifend, die Konflikte spitzten sich zu. Diesmal hingen die Streitigkeiten mit dem Töchterinstitut zusammen.

Es war 1806 von Hopf und Krüsi gegründet[1]) und später von Pestalozzi zu dem ausdrücklichen Zweck übernommen worden, die Gesamtheit des Instituts durch Eingliederung einer Mädchenanstalt der naturgemäßen Familienerziehung anzunähern, künftige Mütter in der Methode auszubilden und sie den üblichen schweizerischen Pensionaten, in denen nur französisch parliert und getändelt wurde, zu entziehen[2]). Die Koedukation bewährte sich; der Unterricht wurde getrennt, Feste und Feiern ernster und heiterer Natur gemeinsam veranstaltet, es herrschte ein lebhafter Verkehr mit dem Knabeninstitut hinüber und herüber[3]). Die ökonomische Leitung lag seit Jahren in den Händen der sanften Frau Custer, die trotz Aufbietung aller physischen Kräfte und aller fraulichen Liebenswürdigkeit den äußeren Schwierigkeiten nicht gewachsen war[4]). Die finanzielle Verquickung mit der ökonomisch gefährdeten Knabenanstalt und die stiefmütterliche Behandlung in pädagogischer Beziehung ließen das Töchterinstitut nicht zu voller Blüte gelangen, obwohl es zur Realisierung von Pestalozzis Idee der Mütterbildung am vornehmsten geeignet war. Besserung durfte nur von einer völligen Neuorganisation und Trennung von der Hauptanstalt erwartet werden. Mieg, der die Interessen beider Parteien wahrte und dem man vertraute, schlug daher vor, das Institut seiner pädagogischen Leiterin, der Jungfer Rosette Kasthofer, ganz zu eigen zu geben[5]).

Pestalozzi hatte sie einst in immer neuen, flehenden Briefen[6]) zu sich gerufen, um von weiblicher Seite her das begonnene Werk der Menschenbildung fortzuführen und auszubilden, denn er versprach sich viel von ihrer Geistesschärfe. „Jungfer Kasthofer ist im Kopf der weibliche Niederer[7])", urteilte er mit Recht. Sie ließ sich aber lange bitten, ehe sie schließlich das verlockende Angebot annahm, weil sie hohe

---

[1]) Hermann Krüsi: Erinnerungen aus meinem pädagogischen Leben und Wirken vor meiner Vereinigung mit Pestalozzi, während derselben und seither. Stuttgart 1840. S. 42.

[2]) X, 361 ff.; XII, 101 f.

[3]) Persönlichere Beziehungen vieler Lehrer zu Töchtern des Instituts, z. B. Krüsis, Ramsauers, Schachts, Hennings, Kaweraus und anderer, die mit Verlobungen und Hochzeiten endigten, gaben vielfach Anlaß zu Redereien.

[4]) XII, 219 ff. — 1807 ff. — [5]) Biber, a. a. O. S. 44 ff.

[6]) Isr. II, 149; 152 f.; 158 f.; — P.-B. V, 27 ff.; 44 f. (1806 ff.) — [7]) Isr. II, 211.

Anforderungen an sich selbst stellte und sich der Methode lange Zeit noch nicht völlig gewachsen fühlte.

Rosette Kasthofer[1]) ist unzweifelhaft geistig die bedeutendste Frau aus Pestalozzis Lebenskreis, ein interessanter, durchaus modern anmutender Mensch. Charakterlich reichte sie kaum an die stille Größe der kleinen Frau Custer heran, mit der sie jahrelang zusammenarbeitete und der sie doch so fremd und fern blieb, wie sich nur je Menschen fremd bleiben können. Eine traurige Kindheit hatte sie innerlich früh auf sich selbst gestellt; sie arbeitete ernst und gewissenhaft an ihrer Bildung und studierte lange und gründlich Pestalozzis Methode, die ihr bei einem Besuch in Münchenbuchsee durch Muralt nahegebracht wurde. Muralt war auch später in Iferten der Hauptlehrer des Töchterinstituts, so daß sie gemeinsam die Resultate ihrer Studien in die Praxis umsetzen konnten. Das war eine qualvolle Glückseligkeit für sie. Denn sie liebte Muralt mit aller Leidenschaft ihres stürmischen Herzens, ohne Erwiderung zu finden, und dies war wahrscheinlich die letzte Ursache seines Entschlusses, Iferten zu verlassen. Ihre Tagebücher[2]) verraten die heftige Erschütterung ihres ganzen Wesens durch dieses Erlebnis, aber zugleich ihre seelische Spannkraft, aus einem großen Schmerz positive Werte und aus tiefster persönlicher Niederlage eine große neue Sachlichkeit zu gestalten. Die vorteilhafte Stelle einer Stiftsdame und eine reiche Heirat schlägt sie aus, um sich mit aller verhaltenen Leidenschaft, von der niemand etwas ahnt, auf ihre Aufgabe: die Hebung der Mädchenbildung zu werfen. „Gott stärke mich, ich habe vieles zu tragen! — — Doch was sage ich Dir[3]), die Mädchenanstalt wird und muß sich heben, wenn das Ganze sich erhaltet. Ich greife ein und werde reifen![4])" In der Tat hat sie für die Entwicklung der Pestalozzischen Pädagogik auf weiblichem Gebiet Erhebliches geleistet[5]). Man darf sie eine Vorläuferin der Frauenemanzipation nennen und geht nicht fehl, wenn man ihre Befreiung von hemmenden persönlichen Bindungen auf dieses ihr tiefstes menschliches Erleben zurückführt. —

---

[1]) 1779—1857. Morf: Rosette Niederer. In: O. Hunziker: Geschichte der Schweizerischen Volksschule. Zürich 1881/82. Bd. II, 146 ff.

[2]) Mss. Pestal. 823, Zentralbibliothek Zürich.

[3]) Die durch viele Jahre fortgeführten Tagebücher, die eine lebendige Anschauung vom Leben in Iferten geben, sind in Briefform an Muralt gerichtet; er wird sie wahrscheinlich nie gelesen haben.

[4]) Ms. Pestal. 823, S. 113.

[5]) Rosette Niederer: Blicke in das Wesen der weiblichen Erziehung. Berlin 1828.

So stand sie auf ihrem Platze: klug, tatkräftig, kritisch, anspruchsvoll und unnachsichtig. Etwas Ungelöstes in ihrem Wesen ist zurückgeblieben; sie wirkt streng und scharf: als eine Institutsvorsteherin mit allen zugehörigen Vorzügen und Mängeln. Mit rücksichtsloser Intensität stürzt sie sich auf die Arbeit. „Wäre ich ein Mann, ich würde mich hinstellen und ordnen; selbst in meinem weiblichen Kopf liegts klar, wie und wo geholfen werden müßte[1]).“

So lagen die Dinge, als Jungfer Kasthofer 1813 das Töchterinstitut übernahm. Sie hatte Pestalozzi in allen diesen Jahren recht nah gestanden und ihm für die Ausgestaltung der Methode in bezug auf die Mädchenbildung wesentliche Dienste geleistet. Auch in den beginnenden Schwierigkeiten hält sie noch treu zu ihrem Meister. „Ich lasse ihn nicht, und sollte ich mit meiner Hände Arbeit ihn nähren.“ — Doch bald ändert sich die Situation. Zur allgemeinen Überraschung führte ihr freundschaftliches Verhältnis mit Niederer zu einer Ehe[2]), und nach systematischer Entfernung aller bedeutenden Lehrer aus der Anstalt beherrschte das Ehepaar Niederer in eigenmächtiger Selbstherrlichkeit das Feld. Die überaus traurigen und beschämenden Vorgänge, die die nächsten Jahre anfüllten und Pestalozzis Alter verbitterten, gehören nicht hierher. Uns interessiert nur noch die Stellung der Frau Pestalozzi zu Rosette Niederer und der Einfluß, den die Vormachtstellung des Ehepaares noch auf das letzte Lebensjahr der Mutter Pestalozzi ausübte.

Daß die beiden Frauen einander näher getreten wären, erscheint nach Kenntnis beider Charaktere ausgeschlossen. Frau Anna liebte nicht das Überlegene und Allzukluge; sie hatte selbst in ihrer Jugend einen Zug dieser Art besessen und ihn krampfhaft auszurotten versucht. Sie spürte instinktiv, daß Rosette im letzten Grunde ihren eigenen Vorteil im Auge hatte und viel zu selbständig war, um sich sachlich oder persönlich irgendwie unterzuordnen; und die Kasthofer ihrerseits fühlte auch nicht das Bedürfnis, sich töchterlich ergeben der alten Mutter anzuvertrauen. Sie stand in ihrem Kummer „einsam und verlassen unter den Weibern“[3]) und wollte es auch nicht anders. Frau Pestalozzi aber empfand die willentliche Absonderung peinlich und vermochte ihre Abneigung und ihr Mißtrauen gegen Rosette nur mühsam unter einer höflichen Form zu verbergen. Ihren Gatten hielt sie „in Rücksicht auf Jungfer Kasthofer für mehr als nur halbblind“[4]) und

[1]) Hunziker, Schweizerische Volksschule, a. a. O. Bd. II, 162.
[2]) Mai 1814. — [3]) Ms. Pestal. 823, S. 113. — [4]) XII, 221 f.

war mit der Abtretung des Töchterinstituts nicht einverstanden, weil sie nach ihrer Ansicht eine Benachteiligung der Frau Custer bedeutete. Die Kasthofer selbst faßte die Übernahme durchaus nicht als ein solches uneingeschränktes Glück auf, das ihr vom Himmel herab in den Schoß gefallen wäre[1]). Im Gegenteil stellte sie sowohl die Ökonomie wie die pädagogische Institution als ziemlich verwahrlost hin und erblickte für die Wiederherstellung des Töchterinstituts die Notwendigkeit uneigennütziger Aufopferung für die Idee der Elementarbildung und rastlosen täglichen Fleißes. Sie hat nicht ganz Unrecht, wenn sie die Pestalozzischen Frauen als seelengute Menschen mit dem besten Bemühen, aber ohne die geringste Kenntnis dessen, worauf es ihrer Meinung nach eigentlich ankam: die Methode, hinstellt. Sie freilich besaß den nötigen Verstand; — aber ihr fehlte die Güte[2]).

Als die beiden Niederer ihre Verwaltungsreformpläne auch auf das Haupthaus ausdehnten, wurde den Pestalozzischen Frauen der Boden unter den Füßen heiß. Es hieß nun, die eigene Haushaltung der Mutter Pestalozzi verschlänge zu viel Geld, Lisabeth gäbe den Zöglingen zu große Stücke Brot und was der Vorwürfe mehr waren. Es kam zu unerquicklichen Auseinandersetzungen über die von Niederer eingeführten Sparmaßnahmen, deren Ende war, daß die greise Mutter Pestalozzi Iferten verlassen mußte[3]) und Lisabeth ihr bald nachfolgte[4]).

„Frau Pestalozzi ist nach Zürich verreist", schreibt Niederer[5]); — „gebracht", sagt Schmid[6]) und drückt damit den Tatbestand treffender aus; denn ohne zwingende Gründe hätte die Greisin die letzte Heimstätte nicht mehr verlassen. Nun tat sie es aus der hoffnungsvollen Güte heraus, dem Gatten damit zu dienen und einer Sanierung des Instituts nicht hinderlich im Wege zu stehen. Obwohl ihr die weite Reise und die äußere Umstellung der Lebensweise in ihrem hohen Alter äußerst beschwerlich fielen, kommt doch keine Klage über ihre Lippen. „Auf Herrn Niederers Brief", der sie zu beruhigen suchte und um ihr Vertrauen bat, „könnte ich vie-

---

[1]) Morf IV, 419; 572 f.

[2]) Später ist von Niedererscher Seite angelegentlich darauf hingewiesen worden, daß eine Spannung zwischen Rosette Kasthofer und Frau Pestalozzi nie bestanden habe (Biber, a. a. O. S. 50; 83; 91 f.; 252).

[3]) Morf IV, 356. Mitte April 1814.

[4]) E. Bl. 117. Ende Juni 1814. — [5]) Morf IV, 357.

[6]) Josef Schmid: Wahrheit und Irrtum in Pestalozzis Lebensschicksalen. Iferten 1822. S. 11.

les antworten," schreibt sie Pestalozzi, „aber ein edles Weib mit reinem Herzen, wie er mich darin nennet, schweiget"[1]). Sie beunruhigt sich aus der Entfernung über das Ergehen Pestalozzis und des Instituts; vor allem bekümmert sie die rücksichtslose Behandlung Lisabeths und Custers, die doch in ihrem Leben zu Pestalozzis Erleichterung „vieles getan, das man nicht von ihnen hätte fordern dürfen und in ihrem Fache zum Segen gewesen sind"[2]) und die man nun unter Angabe falscher Gründe beiseite schiebe. Sie setzt ihre ganze Hoffnung auf Miegs vermittelndes Eingreifen. „Ach Lieber! wenn es dazu kommen würde, daß Du dein Haupt an seine Schulter legen und sagen könntest: Mieg, gehe Du Hand in Hand mit uns! so glaube ich, Gott wäre mit Euch, und Dein Institut wäre gerettet[3])." Niederers Verdienste verkennt sie zwar nicht, aber sie ist doch mit Vogel darüber einig, es wäre das beste, „daß Niederer eine gute Pfründe erhielte und samt seiner Frau das Institut verlassen würde"[4]). Im übrigen haben die erfolgreichen Jahre in Burgdorf und Iferten ihr Vertrauen zu der guten Sache so gefestigt, daß sie an dem endlichen Sieg nicht mehr zweifelt. Ihr Gottvertrauen ist herzlich und unerschütterlich. „Und wenn er eine Armenanstalt Dir noch vergönnt, etwas, das das Vornehmste Deines edlen Herzens seie und bleibe — alles andere wird sich dann von selbst geben[5])." Tag und Nacht ist sie, wenn schon entfernt, bei und um den Freund und teilt seine Lage und erträgt tapfer die Trennung. Ja es bereitet ihr sogar eine letzte Freude, die Vaterstadt mit dem einzig überlebenden Bruder Pfarrer und den Neuhof, der ihr ans Herz gewachsen ist, mit der wohltuenden Nähe der Freundin Hallwil noch einmal wiederzusehen und die alte Lisabeth nun ganz für sich beanspruchen zu dürfen. „Du weißt aber wohl, Lieber, daß ich meine Person nie zum Hauptgrund machte, wenn etwas mir noch so lieb gewesen wäre." Diese friedevolle Entsagung zieht sich durch die Briefe der Fünfundsiebzigjährigen, die noch ebenso ausführlich, so lebendig, so vertraut klingen wie die früherer Zeiten, nur daß die hohen, schmalen, ein wenig steifen Buchstaben nun eine zitternde Greisenhand verraten. Die innige Verbundenheit mit dem Gatten bleibt bestehen: „Die wenigen Augenblicke, lieber Mann! Deines Hierseins haben mich sehr gefreut; — wenn Du nur nicht immer so bald davon eiltest. Doch, was sage ich hievon — da Dein ganzes Leben nicht [anders als]

---

[1]) Morf IV, 366 f. Juli 1814. — [2]) E. Bl. 114 f.
[3]) Morf IV, 367. — [4]) Ms. Pestal. 550, 3. — [5]) E. Bl. 115.

rastlos sein kann[1])..." Und dabei stets der nieversiegende Humor bis ins höchste Alter, mit dem sie ganz fein sich selbst und ihre unnütze Existenz verspottet, — denn die Tragik dieser Selbsterkenntnis liegt dahinter und zugleich die Gewißheit einer tragenden Liebe, die sie wieder aufhebt —: „Meine Gesundheit ist gut; denke, ich fange an, mehr zu speisen, und sehne mich nach dem Essen, also daß du deiner bösen Frau noch nicht abkommest. In Gottesnamen, Gott erhalte auch dich wohl, Lieber[2])!"

Vater Pestalozzi ertrug die Trennung nicht ebenso ergeben und quälte sich mit Selbstvorwürfen, daß er sich von Fremden zu unverantwortlichen Handlungen gegen seine Nächsten und letztlich gegen sich selbst habe verleiten lassen. Er fühlte sich gebeugt und niedergeschlagen, krank vor Aufregung, zerrissen vor Weh. „Jetzo lebe ich getrennt von allen Meinigen, wage das letzte Opfer für die Rettung der Anstalt und leide sehr[3])." Die Maßregeln, zu denen man ihn gezwungen hatte, zerschnitten ihm das Herz. In der Neujahrsrede von 1815 klagt er erschütternd sich selbst für das hereingebrochene Unglück an. „Ich schonte die Bande des Blutes nicht, ich entfernte, was ich liebte, von meiner Seite; ich stärkte das Unrecht durch meine Scheingeduld und war ungeduldig gegen die Liebe[4])..." Seine Sehnsucht nach der Frau und Lisabeth stieg mehr und mehr. „Meine schwarzen Haare grauten. So konnte es nicht mehr bleiben; ich konnte die alte treue Gefährtin meines Lebens nicht mehr lange von mir lassen. Selber meine physische Pflege erforderte ihre Rückkunft. Ich fand darin das einzige Labsal, das mich erquickte unter diesen Umständen[5])." Er schreibt flehentliche Briefe, immer wieder, und bittet im Ernst und im Scherz, daß sie wieder zu ihm kämen. Er verspricht ihnen Ruhe und Frieden; er will sie selbst holen, auf daß sie nur bei ihm wären[6]). Alles im Institut erwarte sie mit Liebe und Sehnsucht, ihre milde Gegenwart fehle auf Schritt und Tritt —.

In diese Zeit der Abwesenheit der Mutter Pestalozzi von Iferten fällt der plötzliche Tod der gütigen Frau Custer und erschreckt jäh die Gemüter[7]). Der Verlust ist zu groß und zu unerwartet, als daß man ihn fassen könnte. Und die alten Eltern sind, wie beim Tode Jakobs, zu weit voneinander entfernt, um aneinander Trost finden zu können. Aber ihre Sorge

[1]) E. Bl. 119. Oktober 1814. — [2]) Ms. Pestal. 54 a, 281.
[3]) Ms. Pestal. 550, 3. — [4]) X, 491. — [5]) Morf IV, 386 f.
[6]) E. Bl. 118 ff. — Morf IV, 377 ff.; 420 ff.
[7]) September 1814. Morf IV, 378 ff. — E. Bl. 118. — P.-B. XXIV, 14 ff.; XXVI, 26 f.

umeinander verstärkt sich. Wie leicht könnte der eine oder andere in der Ferne hinscheiden, ohne daß sie noch einmal miteinander vereint gewesen wären!? So vor die Pforten der Ewigkeit gestellt, sieht Frau Anna dem Tod ins Angesicht und nimmt gleichsam auch von ihrem Gatten Abschied, wenn sie aus ihrer Erschütterung heraus die geliebte Verstorbene beklagt: „Sohn und Tochter giengen uns voran — und wir bleiben..., wie dein gebeügtes edles Herz in deinem Briefe sagt, edler Lieber! Ich habe dies dein Herz nie verkannt. Gott verzeihe uns die Verirrungen, die äußere Umstände verursachten! Gott hat alles gut gemacht und wird es ferner tun[1]).“

Mit Beginn des neuen Frühlings[2]) konnte sie in die beruhigten Mauern Ifertens zurückkehren. Damit war ihr Herzenswunsch erfüllt. Denn näher als die heimatliche Erde stand ihr doch der Mensch, mit dem sie ein langes Erdenleben von leidenschaftlicher Jugend „bis zum Pianissimo des höchsten Alters“ durch Höhen des Ruhms und Tiefen der Erniedrigung in inniger Verbundenheit gewandert war. In seinen Armen wollte sie sterben. Es erfüllte sie mit beglückender Dankbarkeit, daß sie im Hinblick auf sein Werk beruhigt sein konnte. Schmid war zurückgekehrt, und mit der ihr eigenen freimütigen Offenheit fragte sie ihn geradezu, ob er für ihren Mann käme oder für Niederer[3])? — Die Antwort klang befriedigend. Alles war vergessen, die Streitenden vertrugen sich wieder; — Rücksicht auf die alte Mutter und die Einsicht, daß Pestalozzis Ehejahre gezählt wären, mögen das meiste zu der Versöhnung beigetragen haben. Auch Mutter Pestalozzi erkennt nun in Schmid den Retter aus allen Wirrsalen, und sie erzählt dem Enkel, „wie glüklich wir uns finden, daß lieber Schmid wieder bey uns ist — der sich so gutthätlich und lieb gegen Großpapa und uns allen beweist und alle seine Erfahrungen mit einer Kraft, Liebe und Fleiß im ganzen Hause benutzt, mit denselben uns zur Hilf und Freude zu seyn[4]).“ —

In dem frohen Gefühl, daß sich durch Gottes Hilfe doch endlich alles zum Guten gewendet habe, beschloß sie ihr sorgenvolles Leben am 11. Christmonat 1815. Sie war nicht lange eigentlich krank und brauchte also im Alter niemandem zur Last zu fallen, was sie so sehr gefürchtet hatte. Ein plötz-

---

[1]) Korr.-Bl. 1879, 90 f. — [2]) 1815.

[3]) XII, 230. — Joseph Schmid: Wahrheit und Irrtum, a. a. O. S. 16.

[4]) Ms. Pestal. 3 b, 104.

liches Fieber mit starkem Husten und Brustschmerzen erzeugte einen raschen Verfall der Kräfte, dem der greise Körper nicht lange standzuhalten vermochte. Nach einigen Tagen ließ die Heftigkeit der Schmerzen ein wenig nach, die Kranke verfiel in einen sanften Schlummer, aus dem sie nur zuweilen erwachte, um Pestalozzi und die getreue Lisabeth, die um sie waren, liebevoll lächelnd anzublicken. Obwohl sie fast nichts mehr sprach, behielt sie doch das Bewußtsein ihres Zustandes, mit dem sie sich völlig ausgesöhnt hatte, bis zum letzten Augenblick. Dann nahm die „Ermattung... sichtbar und stündlich zu. Am Sonntag Mittag hörte sie schlagen und fragte unsere treue Lisabeth: ‚Was schlagts?‘ Sie antwortete: ‚Zwölfe‘. Die Kranke wiederholte dies Wort deutlich zweimal: ‚Zwölfe, zwölfe‘ und fragte dann noch: ‚Ist es nicht mehr?‘ Es war fast ihr letztes freies verständliches Wort und morndes Montag schlug die gleiche Uhr in dem Augenblick zwölf, als sie eben verschied[1]).“ Sie war auf ihrem gewohnten Sofaplatz am Fenster sanft entschlafen, wohin man sie zu ihrer Erleichterung gebettet hatte. Dort lehnte sie noch— so wie sie oft still den Gesprächen ihrer Gäste gelauscht hatte —, als die Freunde sich in den Abendstunden in ihrem Stübchen versammelten und dankbar und wehmütig ihrer seltenen Tugenden und Werke treuer Liebe gedachten[2]).

Am Begräbnistage wurde die Tote im Betsaal aufgebahrt, und Pestalozzis Abschied von der geliebten Gattin machte auf die Anwesenden einen so überwältigenden Eindruck, daß er ihnen Zeit ihres Lebens in unvergeßlicher Erinnerung blieb[3]). Der in Schmerz aufgelöste Greis kniete vor dem offenen Sarg der dahingeschiedenen Lebensgefährtin, rühmte und dankte, was er an ihr gehabt, und bat sie „in Gegenwart des ganzen Hauses um Verzeihung..., daß er ihr ein so schweres und kummervolles Leben zugezogen, während sie ohne ihn ein so glänzendes Los hätte haben können“; und in visionärem Wechselgespräch, Zeit und Raum vergessend, antwortete er selbst eben so laut statt ihrer: „‚Ja, ich habe es schwer gehabt, aber ich ertrug es gern, wohl wissend, daß Du nur das Wohl anderer zu fördern suchtest und Dich selber mehr quältest, als ein Sklave gequält wird.‘ Wie oft schrie er: ‚Anna, Anna, kannst Du mir verzeihen?‘ dann: ‚Ja, ich weiß,

[1]) P.-B. V, 80. Pestalozzi (diktiert) an Barbara Groß.
[2]) Karl Justus Blochmann: Heinrich Pestalozzi, a. a. O. S. 87.
[3]) Blochmanns und Ramsauers (Pestalozzische Blätter, a. a. O. S. 66 ff.) Darstellung stimmen zum Teil wörtlich überein, obwohl beide erst dreißig Jahre nach dem Geschehen aufgezeichnet worden sind.

Deine edle Seele kann mir verzeihen.' Besonders rührend und erhebend war es, als Pestalozzi die Dahingeschiedene fragte: ,Was gab Dir und mir in jenen Tagen, in denen uns alle flohen und spotteten und Krankheit und Armut uns niederbeugte und wir unser Brot mit Tränen aßen — die Kraft auszuharren und unser Vertrauen nicht wegzuwerfen?' und dann die in der Nähe liegende Bibel an die Brust drückend selber antwortete: ,Aus dieser Quelle schöpften wir Mut, Stärke, Frieden.'" — Danach wurde der Sarg bei starkem Schneegestöber zu seiner Ruhestätte geleitet. Voran gingen die Kinder des Instituts, unmittelbar hinter dem Sarg Pestalozzi mit Gottlieb; es folgte die Munizipalität von Iferten und, „ich darf wohl sagen, die ganze Stadt"[1]). Unter zwei alten Walnußbäumen war das Grab bereitet, an einem Plätzchen gegen Ende des Schloßgartens, wo die Mutter Pestalozzi gern geweilt hatte[2]), und ihr Sarg auf das feste Pflaster eines Festsaales der römischen Stadt Eburodunum gestellt, auf das man zur Genugtuung Pestalozzis beim Graben gestoßen war[3]). Die Worte des Apostels: „Ich habe einen guten Kampf gekämpft, ich habe den Lauf vollendet, ich habe Glauben gehalten; hinfort ist mir beigelegt die Krone der Gerechtigkeit, welche ... der Herr ... geben wird ... allen, die seine Erscheinung liebhaben," schwebten über ihrem Grabe[4]). — Als die erste Handvoll Erde auf ihren Sarg herniederfiel, ging über Pestalozzis tiefgefurchtes Antlitz eine heftige, blitzartige Bewegung, die das Geheimnis seines Erlebnisses von der Macht des Vergänglichen in erschütternder Weise offenbarte.

Der Tod seiner Gattin, die ein halbes Jahrhundert mit ihm die Last der Leiden getragen hatte, berührte ihn auf seltsame Art. Er empfand weniger den Verlust seiner Lebensgefährtin — im Gegenteil war er fester denn je von der Vereinigung ihrer Seelen auch nach dem Tode überzeugt —, als daß ihm durch ihren Tod ein Stück seines eigenen Selbsts entrissen zu sein schien. Der klaffende Zwiespalt seines Wollens und Könnens oder, wenn man so sagen darf, seines intelligiblen und seines empirischen Charakters tat sich im Augenblick ihres Hinscheidens noch einmal jäh auf, um sodann auch mit seinem irdischen Teil mehr und mehr von ihm abgelöst und ins Ewige verschlungen zu werden. Das Schuldgefühl seinen

---

[1]) P.-B. XXVI, 7 ff. Pestalozzi an Frau von Hallwil.
[2]) P.-B. IV, 42.
[3]) Im Jahre 1866 wurden ihre Überreste nach dem Friedhof von Iferten versetzt (P.-B. XI, 55).
[4]) Niederers Gedächtnisrede. Ms. Pestal. 550, 3.

persönlichen Verpflichtungen gegenüber hatte sich noch einmal in den leidenschaftlichen Selbstanklagen am Sarge seiner Gattin ergossen; nun, da die nächste Trägerin aller Anforderungen hinweggegangen war, stand er losgelöst von allen menschlichen Bindungen gleichsam rein und unmittelbar vor seiner Idee, und zwar entsühnt, weil er die Gewißheit ihrer letzten Billigung und Befriedigung von ihrem Grabe mit heimgenommen hatte. — Diese Überzeugung lebt von nun an so stark in ihm, daß sie den Schmerz übertönt[1]); sie weist ihn darauf hin, die kurze Lebensfrist, die ihm noch vergönnt ist, zur Befestigung seines Werks zu verwenden. Die verstorbene Gattin erscheint ihm nun als die Schutzheilige, die von oben über seine Schritte wacht. Und wenn er sein ganzes, an ihrer Seite verlebtes Dasein noch einmal überschaut, muß er gestehen, daß er zwar viel, sehr viel verloren, aber auch viel, sehr viel durch sie genossen habe[2]). Die Höhe der Unschuld und Reinheit ihres Herzens, mit der sie die Täuschungen seines Lebens ertragen und verziehen[3]), die Weisheit und Güte, zu der sie ihr Alter emporgebildet hätte, erwärmen ihm noch einmal das Herz, und sein Wunsch ist, daß sie auch allen denen, die sie gekannt, als leuchtendes Vorbild ihres Lebens dienen mögen. Ihr Todbett sei wie das der Großmutter Kathrin ein Todbett der Weisheit gewesen; möchte es seinen Segen über die Kinder des Hauses ausgießen[4])! — So vermag er auch aus diesem Schmerz die bildende Kraft zu entbinden und gewinnt es über sich, in der Neujahrsrede, nur wenige Tage, nachdem man sie zu Grabe getragen, das vergangene Jahr als Jahr des Heils, der Rettung und der Erhebung durch die Gnade Gottes zu preisen[5]).

Es war das letzte des Friedens. Unmittelbar nach ihrem Tode[6]) erhob sich der erbitterte Streit unter Pestalozzis Mitarbeitern von neuem, der das Werk zerstörte und die letzten Lebensjahre des alten Mannes verdunkelte: ein beredtes Zeugnis dafür, wie sehr „der vermittelnde Engel des Friedens"[7]) fehlte, der bisher in taktvoller Klugheit verstanden hatte, die unter der Oberfläche glimmenden Feuer des Hasses und Neids zurückzuhalten. Pestalozzis flehende Bitte an seine Lehrer, bei dem Andenken an die selige Mutter und ihrem

---

[1]) P.-B. XXVI, 6 ff.; — Morf IV, 430. Pestalozzi an Tranché, Dezember 1815.
[2]) Morf IV, 451. An Nicolovius, 20. I. 1816.
[3]) X, 580 ff. — [4]) X, 508 f. Neujahrsrede 1816. — [5]) X, 501.
[6]) Ramsauer: Pestalozzische Blätter, a. a. O. S. 89. — Joseph Schmid: Wahrheit und Irrtum, a. a. O. S. 40 f., nennt sogar Frau Pestalozzis Begräbnistag als Beginn des Streites; aber das ist wohl übertrieben.
[7]) Frauenfeier, S. 15 (Rosette Niederer).

Glauben an eine gesicherte Zukunft des Hauses die Eintracht und Gemeinschaft im Werk nicht zu gefährden[1]), verhallte ungehört. Mit der Gattin war Pestalozzis irdisch gebundene Kraft dahingegangen, die in allen Krisen und mit allen Mitteln die Realisation der Idee und die Erhaltung des Werks immer wieder durchgesetzt hatte. Von nun an ging die äußere Verwirklichung unaufhaltsam bergab, um als reine schöpferische Idee im Reich des Geistes fortzuwirken.

3.

Ein bewegtes Frauenleben ist vorübergezogen. Es erhebt sich zuletzt die Frage nach seiner historischen Bedeutung. Auf eine Eigenwertung hat Anna Schultheß verzichtet; sie muß daher als Gattin Pestalozzis betrachtet werden. Und so wandelt sich die Frage in die nach ihrer Bedeutung für Leben und Werk Pestalozzis. Sie ist zum Teil schon beantwortet. Daß Frau Anna für die Gestalt der Gertrud direkt nichts beizusteuern vermochte, wurde aus der Struktur ihrer Persönlichkeit; ihre passive Haltung im Institutsleben aus ihrer andauernden Kränklichkeit erklärt. Aber ihr ursprünglich realer Sinn und ihre Bereitwilligkeit, ihr Vermögen für Pestalozzis Sache zu opfern, verhalfen seiner Idee überhaupt erst zu ihrer Verwirklichung; und selbst aus ihrer Zurückgezogenheit vermochte sie in Iferten einen wohltätig besänftigenden Einfluß auszuüben. Die Urteile von Näher- und Fernerstehenden, die sie in Iferten gesehen hatten, stimmen einmütig darin überein, daß sie dort an ihrer Stelle und in ihrer Art so viel Gutes gewirkt habe, wie es kein anderer sonst zustande gebracht hätte[2]). Sie schildern sie als eine alte Dame voller Würde und Hoheit, die die Spuren früherer Schönheit auf ihrem Antlitz trug, mild und wohlwollend, in sittlicher Liebenswürdigkeit, in den Kämpfen des Lebens erprobt, „weniger beglückt als freundlich ergeben“[3]). Ihre Anspruchslosigkeit, Stille und Selbstverleugnung verfehlten nicht, den stärksten

---

[1]) X, 510 ff.

[2]) P.-B. XXIV, 16 ff. (Mieg)

[3]) Rosette Niederer: Frauenfeier, S. 11. — Vgl. Karl Justus Blochmann: Heinrich Pestalozzi, a. a. O. S. 86. — Ramsauer: Pestalozzische Blätter, a. a. O. S. 66: „Frau Pestalozzi hatte etwas ungemein Feines und Vornehmes, jedoch mehr Imponierendes als Freundlich-Zutrauliches“. — Roger de Guimps: Histoire de Pestalozzi. Lausanne 1888. S. 490: „On n'a point assez apprécié la haute valeur intellectuelle et morale de cette femme distinguée, ni le concours qu'elle donna à l'oeuvre de son mari par son tact, par ses conseils, et par son constant dévouement. Mme. Pestalozzi était maladive et ne sortait guère; sa chambre était restée un centre où chacun aimait à venir passer quelques instants, sûr d'y être reçu par quelque parole aimable.“

Eindruck bei den streitenden Parteien zu erwecken. „Sie war eine grundgute Frau, und besseres kann man von keinem Menschen sagen“[1]), faßt Vogel das Urteil der Freunde über die Verstorbene zusammen. Offenbar ist keiner der ihr Nahestehenden, in persönlicher Kenntnis der Zusammenhänge, auf den Gedanken gekommen, daß sie dem Institut mehr hätte leisten sollen, als sie es durch ihre stille Anwesenheit ohnehin tat.

Und was bedeutete sie Pestalozzi persönlich? Auch hier sind die Ifertener Augenzeugen darüber einig, daß sie mit ihrer treuen Zuneigung Pestalozzis „Schutzengel“ gewesen sei[2]). Das gemeinsam miteinander Durchkämpfte, Erlittene, Überstandene fachte den bis ins Alter glimmenden Funken der Liebe stets aufs neue an, und durch Leiden gestählte Kraft und höheres Gottvertrauen halfen dem liebenden Greisenpaar immer wieder über neue Prüfungen hinweg[3]). Freilich hat es auch Zeiten der Spannung gegeben, die die Gatten innerlich weit auseinanderführten; aber stets hatte Frau Pestalozzi ja nur deshalb ihre warnende Stimme erhoben, um den Gatten vor einer Wiederholung der furchtbaren Katastrophe zu bewahren, die für Jahrzehnte seine praktische Tatkraft gelähmt und sie den besten Teil ihrer Lebenskraft gekostet hatte. Nie verlangte sie etwas für sich selbst, wenn sie warnte und hemmte. — Wer aber einmal mitangesehen, wie Pestalozzi um seine Gattin ringen mußte, und nicht verstanden hatte, daß es in der Tiefe der ewige Kampf zwischen Mann und Weib war, der sich hier in leidenschaftlicher Verzweiflung abspielte, der konnte glauben, Frau Anna laste wie ein drückendes Gewicht auf Pestalozzi und hemme seine Unternehmungen; ja die Heirat eines bedeutenden Mannes sei überhaupt ein Hindernis seiner freien, selbständigen Entwicklung[4]). Der Sinn der Frauen sei nur aufs Haus gerichtet; um es zu erhalten und aufzubauen, sei ihnen kein Opfer zu schwer; sähen sie es aber wanken und zerfallen, dann glaubten sie den Wert ihres Lebens zerstört. So hätte auch Frau Pestalozzi die Welt, in der ihr Mann hauste, nicht als ihre Wohnung zu erkennen vermocht; darin läge ihre Grenze[5]). Sie löste ihr Wesen und ihre Gesinnung nicht in die Pestalozzis auf, sagte Niederer.

---

[1]) Ms. Pestal. 550 a.
[2]) Roger de Guimps: Heinrich Pestalozzi nach seinem Gemüt, Streben und Schicksale. Aarau 1844. S. 42.
[3]) Rosette Niederer. Frauenfeier, S. 15.
[4]) Ms. Pestal. 607, 370 (Niederer). — [5]) Morf IV, 573 f. (Nabholz an Niederer).

Die Kritik enthält viel Wahrheit, und Frau Anna hat selbst wiederholt zugegeben, daß ihr Gesichts- und Gesinnungskreis enger begrenzt sei als der Pestalozzis. In diesem Zusammenhang interessant ist besonders das Urteil der Rosette Kasthofer als das einer Frau, die im Ergreifen einer überpersönlichen Aufgabe und im vereinigten Bemühen um einen gemeinsam erstrebten Zweck den Sinn der Ehe erblickte. In den Tagen, als Mutter Pestalozzi dem Tode entgegenzugehen schien, schreibt sie über das Pestalozzische Ehepaar: „Sie lieben sich innig und haben Großes aneinander getan im Leben; jedoch leben zwei Seelen in ihnen, die ewig nie ineinander fließen und Eins sein könnten. In ihr stirbt eine geliebte Frau, die treue, würdige Gefährtin seines Lebens, aber kein Teil von seinem Ich. Er bleibt sich ganz, auch wo sie ihm für immer fehlt; und darin liegt für mich die sichere Hoffnung seiner Erhebung über diesen schmerzlichen Verlust[1]).“ Die Worte bestätigen die oben ausgesprochene Meinung und auch unsere des öfteren angedeuteten Zweifel; man darf jedoch nicht vergessen, daß jede Ehe von zwei Seiten her gesehen werden muß; daß nicht nur die Grenzen *ihrer* Hingabefähigkeit, sondern auch die Maßlosigkeit *seiner* Persönlichkeit in Betracht zu ziehen ist. Es muß wahrlich nicht leicht gewesen sein, mit Pestalozzi verheiratet zu sein! — Insofern ist es besonders bedeutsam, daß dieselbe kritische Rosette Kasthofer nur wenige Monate später, nachdem sie in schwierigen Zeiten auch Pestalozzis Nachtseite kennengelernt hatte, ihr scharfes Urteil im wesentlichen zurückzieht: „Ich stehe fünf Jahre hier, Du weißt, in welch engen Verhältnissen zu Pestalozzi: — Ach, ich glaubt es nicht, daß der tiefste Blick, den ich in diese Tiefe senken würde, auch der traurigste und schmerzlichste sein müßte. Ich verkenne darob das Schöne, Herrliche nicht in ihm — mit gleichem Herzen kann ich ihm anhängen, ihn ehren und lieben; — aber was ich unter solchen Umständen leiden muß, wirst Du begreifen. Noch eines habe ich gewonnen — ich bin gerechter geworden gegen die Seinigen — *ich weiß von vielem, das sie nicht tun konnten, was ich sonst glaubte, daß sie hätten tun sollen*; ich kann mir denken, was sie getragen, gelitten, und ehre sie höher um der Liebe und Treue, die sie ihm bewiesen[2]).“ Es erhellt daraus, daß die Passivität, die man Anna vorzuwerfen geneigt ist, nicht nur

---

[1]) Morf IV, 574. — 1813
[2]) Ms. Pestal. 823 a, 93.

durch äußere Schicksalsschläge bedingt — in ihrem Wesen lag sie ja durchaus nicht begründet —, sondern daß die Frau einfach durch die Wucht der neben ihr aufstrebenden Persönlichkeit von ungewöhnlichen Dimensionen erdrückt wurde. „Gott behüte mir die Genie", sagt die Kasthofer, „... denn sie zerschlagen und verheeren ihre Umgebungen!"[1])

Nach alledem ist klar, was eine solche geistige Unterdrückung für einen selbständigen Menschen wie Anna Schultheß bedeuten mußte. Jahrzehnte waren erforderlich, ihren Eigenwillen zu brechen, Jahrzehnte, die erschütterte Persönlichkeit in höherem Verzicht wieder aufzubauen. Ihr Verdienst war es dann, daß die Ehe der Greise noch einmal zu schöner Blüte emporwuchs, weil sie sich selbst aufgab und sich Pestalozzi — oder seinem „Zweck" — völlig unterordnete. Allein auf diese Weise gelang die Erhaltung des bis in den Tod so innigen Verhältnisses der Ehegatten. Es war ein Sieg ihrer „wahrhaft weiblichen Größe, auch darin bestehend, daß sie einen Mann wie Pestalozzi aufzufassen und zu nehmen wußte... Denn er war einer von denen, welche, weil sie instinktartig durch ihre Natur in eine bestimmte Richtung hineingenötigt werden, ‚genommen' werden müssen[2])."

Setzen wir zuletzt noch einmal die beiden Persönlichkeiten einander gegenüber, die im Verlauf ihres Lebens sich weiter voneinander fortentwickelt haben, als zur Zeit ihrer Verbindung geahnt werden konnte, so stellen sich in aller Schärfe ihre polar entgegengesetzten Grundstandpunkte heraus. Faßte man die Begriffe weit genug, man könnte den Unterschied ihrer Wesenshaltungen mit dem Gegensatzpaar „naiv" und „sentimentalisch" bezeichnen. Pestalozzis Naturnähe und Kindlichkeit sowie das starke Gefühl eines Getriebenseins, von dem er häufig spricht, sind die typischen Ausdrucksformen einer begnadeten Naivität. Seine Schüler empfanden bei seinen Reden ganz deutlich die Verwandtschaft mit religiösen Offenbarungen und stellten Pestalozzi daher mit Sokrates und Christus in eine Linie und nannten ihn einen Propheten und einen geistigen Seher[3]). Sein Wesen und Handeln quoll aus einem notwendigen inneren Gefühl heraus; sogar Ideen „fühlte" er[4]). Kurz: er stand unter dem Zwang eines Daimonions, das ihn zu seinem Mittler ausersehen hatte.

---

[1]) Morf IV, 416.
[2]) Frauenfeier, S. 85 (Diesterweg). — [3]) P.-St. I, 3 (Henning).
[4]) Anton Gruner: Briefe aus Burgdorf über Pestalozzi, seine Methode und seine Anstalt. Hamburg 1804. S. 38; 329.

Dieser überirdischen Macht — im Alter nannte er sie: Gottes Willen — wußte er sich hingegeben, weil sie mächtiger war als er selbst, und lebte, von ihr in eine transzendente Sphäre gehoben, auf Erden nur in einem „Traum". Er war ein metaphysischer Mensch mit einer im letzten Grunde nur losen Bindung an die Erde. Trotzdem ging sein Streben immer wieder dahin, den „Traum" in die Wirklichkeit zu projizieren. Es gelang ihm nie ganz vollkommen. So wußte er wohl das Tiefste über den Menschen zu sagen und war doch praktisch ein so schlechter Psychologe, weil er nur auf das „Göttliche im Menschen" blickte und die auffälligen Mängel der Erscheinung einfach übersah. Aus dieser Unproportionalität fließt die ganze Reihe seiner Mißerfolge, und sie ist der letzte Grund seiner praktischen Lebensuntüchtigkeit überhaupt.

Frau Annas gemessene Würde vertritt demgegenüber den sentimentalischen Typ. Sie reflektierte, dachte, überlegte, warnte und sorgte. Von Natur realistisch, mit einer ständigen Tendenz aufs Ideale, verfolgt ihre Lebenslinie die umgekehrte Richtung wie die des idealistischen Pestalozzi und erzeugt eine Uneinheitlichkeit ihrer Persönlichkeit, ja geradezu eine Gebrochenheit, die weder Pestalozzis eigener Veranlagung noch seinem Ideal irgendwie ähnlich war. — Die Verschiedenheiten beider Charaktere gehen aber noch weiter. Pestalozzi besaß eine erstaunliche Wandlungsfähigkeit und Entwicklungsmöglichkeit seines Wesens, die ihn zu wiederholten Malen, noch im Alter, Perioden der Verjüngung und der Erneuerung erleben ließen. Damit im Zusammenhang steht sein „Leichtsinn", dem er selbst es einmal geradezu verdankt, sein sorgenschweres Leben überhaupt immer wieder ertragen zu haben[1]). Denn er vergaß sehr schnell, zog niemals Lehren aus seinen Erfahrungen, lebte zeit- und geschichtslos nur in der Gegenwart, „existentiell"[2]). Gerade dies vermochte Anna am wenigsten zu verstehen. Ihr schwerblütiges, unbewegliches und gehemmtes Wesen war mit tausend Fäden an die Tradition der Väter gebunden, und obwohl sie sich als junger Mensch selbst darüber hinausgeschwungen hatte, war doch das Bemühen ihres Alters darauf gerichtet, wieder heimzufinden in die Bahnen geordneter Bürgerlichkeit. Sie war in wahrem Sinn eine aristokratische Persönlichkeit, zurück-

[1]) Ms. Pestal. 300 I, 4.

[2]) Niederer erkennt den Zentralpunkt von Pestalozzis Wesen darin, daß er „in sich, das heißt in seinem Bewußtsein, hinsichtlich dessen, was ihn unaufhörlich trieb und bewegte, weder Vergangenheit noch Zukunft, sondern bloße Gegenwart, daß sein inneres Leben mit einem Wort: keine Geschichte hatte" (P.-B. I, 17 f.). — Vgl. Ramsauer, Skizze, S. 46 f.

haltend, exklusiv; der Kreis ihrer Nächsten eng, aber von höchstem Wert, gebildet und formvollendet. Sie war dazu geschaffen, in soliden, wohlhabenden Verhältnissen als würdige, geistvolle Wirtin ein vornehmes Haus zu vertreten; Pestalozzi dagegen schenkte mit vollen Händen seinen Besitz fort und setzte sich an den Tisch der Armen; sie war reich, Pestalozzi arm; er war urwüchsig und volksverbunden, sie fand zu der Idee der Elementarbildung im Grunde nie ein persönliches Verhältnis. Und hier gelangen wir zu dem fundamentalen Unterschied der beiden Persönlichkeiten: er liegt in ihrer Auffassung von der Liebe.

Das Wesen der Liebe ist so weit und vieldeutig wie das Wesen der Welt. Wenn Pestalozzi bekennt: „Er hat mich im Mutterleib gebildet zum Dienst der Liebe"[1]), meint er damit nicht die erotische Liebe zu seinem Weibe, sondern die Liebe zu den Kindern, den Dürftigen, zum Volk, zur Menschheit; dienende, schenkende, sich selbst entäußernde Liebe, die sich zu den Armen und Verlassenen hinabneigt und retten und helfen möchte, eine religiöse Liebe: Caritas. Er wußte wohl, daß sich die schönsten Blüten dieser caritativen Liebe in Frauen offenbaren, wenn er ihnen das Bild der Gertrud malte und die Erziehung der Menschheit in ihre Hand legte. Daß er aber selbst ein so hohes Maß aufopfernder Liebeskraft besaß, dankte er der frühkindlichen Erziehung, die er durch Frauen genossen. Zutiefst aber liegt sie in der „Weiblichkeit seines Gemütscharakters"[2]) begründet. Niederer, Pestalozzis erster Biograph, nennt ihn darum mit besonderer Betonung einen M e n s c h e n, „weil er mehr noch Mensch als Mann war und den Typus beider Geschlechter in unverkennbaren Zügen in sich vereinigte"[3]). Er verkörperte — je älter er wurde, desto mehr, und je vollendeter sich seine Menschlichkeit darstellte, desto schrankenloser — selbst die große Mutter, die über der Erde brütet, und wird fortwirken, die Erde zu wärmen, bis ihre Früchte reif sind[4]).

Für seine Ehe ist seine tiefe Frauenverehrung bedeutsam. Er fühlte Zeit seines Lebens eine scheue Bewunderung für die weibliche Dulderkraft seiner Gattin und erblickte in ihr ein Wesen höherer Art, das er auf Händen hätte tragen mögen. Irdische Gewalten vermochten seine Liebe zu ihr nicht zu erschüttern, weder die umstürzenden äußeren Wandlungen des Werdeganges noch etwa gar die überschwengliche „Liebe" zu

[1]) Ms. Pestal. 300 I, 4. — [2]) P.-B. I, 58 (Niederer). — [3]) P.-B. I, 4.
[4]) Vgl. Adolphe Ferrière: Le grand coeur maternel de Pestalozzi. Paris 1927. S. 3: „On l'a appelé: père C'est un erreur. Un père dirige, ordonne, organise. Lui, il a aimé."

Frau von Hallwil, ein Gefühl der Dankbarkeit, das ja ebenfalls der mütterlichen Überlegenheit dieser Freundin galt, die sich gerade an ihm persönlich so wohltuend erwiesen hatte. Trotzdem erscheint die Liebe zu seiner Frau als eine ganz andere als die zum armen Volke: sie war treue Lebensgemeinschaft und Schicksalsverbundenheit; ethisch, aber nicht metaphysisch verankert. Im letzten Grunde blieb die Ehe für Pestalozzi unwesentlich und trat hinter seinem „Zweck“ zurück.

Für Anna aber bedeutete die Liebe zu Pestalozzi den letzten Sinn ihres Lebens. Ihre Liebe war geistig, wertbestimmt, nach oben strebend, ehrend und achtend ihn und sein Werk. Auch ihr Leben war Hingabe und Aufopferung, aber für den e i n e n Menschen, den sie liebte, ihren Gatten. Für ihn opferte sie ihr Vermögen und ihr Geschmeide, ihre Heimat und ihre Ruh, ihre Gesundheit und ihr Lebensglück; alles gab sie für i h n, aber nicht für die Sache als solche[1]). Darin liegt ihre Grenze; und auch darin, daß dies alles Werte waren, die sie von sich ablösen konnte, daß sie wohl alle Dinge hingab, nur letztlich nicht — sich selbst. Von ihrem Wesen vermochte kein Gott sie zu erlösen. Es blieb stets ein Rest von Selbstbehauptung und Individualismus zurück, der sie daran hinderte, i h r e Liebe so allgemein auszuspenden wie Pestalozzi die seine. Nur durch seine Person hindurch vermochte sie dem Werk zu dienen.

Was sie ihm schenkte, gab er nicht ihr, sondern der Menschheit zurück. Von ihrer Seite aus betrachtet, bedeutet also ihre Ehe eine fortgesetzte Kette von Entsagung und Verzicht. Pestalozzi empfand das, daher sein Schuldgefühl ihr gegenüber. Ein Zwiespalt geht durch die Natur des Mannes: daß er die Frau ersehnt und gleichwohl seine Liebe sehenden Auges um der Sache willen aufopfern muß. Es ist die Tragik, die jeder erfährt, an den der Anspruch des Werks ergangen ist: daß der Mensch im Letzten einsam steht und auch den Liebsten auf seinem Wege dahinten lassen muß.

Zu wahrer Vollkommenheit — ohne diesen tragischen Zug — sind daher die Ehen großer Menschen selten gelangt. Wo es gelang, daß zwei gleichwertige, hochstehende Persönlichkeiten in gegenseitiger fruchtbarer Durchdringung eine höhere Vereinigung in dem idealen Dritten gefunden haben, da spreche man „von Glück und Gnade des Schicksals, nicht von eigenem Verdienst“. — Gewöhnlich wird als die schönste Form ehelicher Verbundenheit die Humboldtsche Ehe ge-

[1]) Pestalozzi sagt selbst, sie gab ihr Vermögen „für meine Zwecke oder v i e l m e h r f ü r m i c h hin...“ (X, 513).

schildert, aber sie ist es doch großenteils um ihres ästhetischen Charakters willen: eine Kultivierung der Ehe als solcher, angepaßt dem hohen Grad persönlicher Kultur des Kreises: geschlossen und formvollendet, aber befangen in dem Genusse ihrer selbst. Auch sie erreicht nicht die ideale Forderung der Aufhebung des Einzelnen in der Synthese; — und doch steht sie immer noch als die relativ vollkommenste Verbindung jener Zeit vor uns. Denn eine zweite mögliche Form ehelicher Gemeinschaft, die auf dem zweifelhaften Kompromiß einer Trennung von Geist und Fleisch aufgebaut ist und in dem Weibe lediglich die Verwalterin von Küche und Kinderstube erblickt — sei es, weil die Genialität des Mannes keinen Ebenbürtigen neben sich erträgt (wie etwa bei Goethe), oder weil der Anspruch auf totale Lebensverbundenheit überhaupt nicht erhoben wird (wie in Schillers bürgerlichem Haushalt und in der Mehrzahl aller Ehen „geistiger" Männer überhaupt) —, entspricht nicht der Würde der Frau und stellt nur eine schwache Ausflucht, keine Lösung des Geschlechterproblems dar. Wer aber diesen Weg der Halbheit und des Zugeständnisses nicht zu gehen vermag (wie vielleicht Kant), der wählt die letzte, schwerste Möglichkeit einer Lebensgestaltung: auf die Ehe überhaupt zu verzichten, um in unaufhebbarer Einsamkeit und asketischer Reinheit die Intensität aller Kräfte ungebrochen dem Werk widmen zu können.

Die Pestalozzische Ehe verwirklicht keine der drei Wesensformen: zur Vollkommenheit fehlt ihr die Durchdrungenheit der Frau mit dem Geiste der objektiven Idee; Askese widerspricht dem Sinn der Ehe, und eine Zurückschiebung der Frau auf ihr häusliches Gebiet hat nie stattgefunden. Wohl aber ist auch ihr die Genialität des Mannes zum Verhängnis geworden, und sie ist ein Beweis dafür, daß auch in einer bis in den Tod getreuen Lebensgemeinschaft kein vollendetes Glück zu finden ist. Was aber bleibt über diese Tragik hinaus, ist die Einsicht in diesen Zusammenhang, der Wille zur Überwindung trotz allem, das überlegene Geschenk der Freiheit, den Gatten ziehen zu lassen, wohin ihn sein Weg führen mag, in der zuversichtlichen Gewißheit seiner Heimkehr; der selbstlose Verzicht auf persönliches Glück. In diesem Sinn hat Anna Pestalozzi ihre Ehe gestaltet. Sie opferte gern, wie auch Pestalozzi sein persönliches Leben und seinen individuellen Glücksanteil längst geopfert hatte; und insofern ist auch seine Ehe nichts für sich selbst, sondern nur eine Durchgangsstufe seiner Hingabe an das Volk.

Kolibri 360 GmbH
Ferdinand-Jühlke-Straße 7
99095 Erfurt, Deutschland
produktsicherheit@kolibri360.de